よくもわるくも、新型車

福野礼一郎の
クルマ論評
5

福野礼一郎著

※本書に掲載したクルマのスペック、写真（福野礼一郎撮影）をウェブページに掲載した。各STORYの扉ページのQRコード、URLからウェブページに飛ぶことができる。

※モーターファン ロードテスト『現在の視点』で取り上げたモーターファン ロードテストの再録もwebで見ることができる。こちらも、扉ページのQRコード、URLを参照していただきたい。

※本書に掲載したクルマのスペック、価格は試乗時のもの（消費税は2019年9月まで8％、10月以降は10％）。

『福野礼一郎のクルマ論評5』副読本的ウェブサイト
□ https://motor-fan.jp/article/10016396

まえがき

こんにちは。福野礼一郎です。巨大地震や自然災害については皆さんと同様、どこかで心の準備をしてきたつもりでしたが、まさかこんなことが起きるなんて考えてもみませんでした。

1950年代後半、ミサイル軌道計算プログラム開発の副産物でもあるFORTRANをIBMが開発、これによって計算速度が飛躍的に向上したコンピューターを使って気象予想のシミュレーションを試みたMIT（マサチューセッツ工科大学）の気象学者エドワード・N・ローレンツは、数学的には一般に計算結果に大きな影響をあたえないとみなせるような初期入力値の小数点以下の差異による影響が、演算を回すごとに次第に巨大化していって、例えば60日後の天気予報が「快晴」から「降雪」に変わってしまうほどの違いを生じるという衝撃的な結論に直面、ここから「観測誤差を完璧になくすことが不可能ならば、気象の長期予想はできない」という論を導いて、1972年のアメリカ科学振興協会の講演で「ブラジルの蝶の羽ばたきはテキサスで竜巻を起こすか」という有名な講演を行いました。

現在「バタフライ効果」と呼ばれているカオス理論における初期値鋭敏性の比喩は、この講演が発端です。このことはニュートン力学でいう力学系のふるまいは、たとえ外的要因が働かない場合でも予測不能になりうるということを示唆しています。

それが我々に突き付けたのは「未来は論理的に予知不可能である」という衝撃的な事実です。「もしオリンピックを予定通り開催してたら開会式は雨だったね」という話さえ正しくありません。2月以降経済活動が世界的に鈍化した影響として大気汚染が改善され二酸化炭素の排出量が減少したと報じられましたが、この影響で天候も大きく変わったはずだからです。

明日がどうなるか、誰にもわかりません。私たちは大海原や大草原の前に立ってこれから起こる大冒険に武者震いをしている偉大な冒険者ではなく、クレバスの淵に立って爪先のわずかな摩擦抵抗の大小次第で奈落に落ちるか地面を踏み締めるか明暗分かれる急峻な斜面を歩き続けなければならない山羊、あるいは風によって巻き上げられ明日はどこに舞い落ちるか知るすべもない砂粒のような存在なのです。

しかし砂粒の集合によって風の砂丘が生まれ、砂丘の姿やそのふるまいにある種の法則性が存在することもまた事実ですね。これを説明したのがブノワ・マンデルブロの「神の指紋」です。

宇宙の秩序と混沌の秘密。

まあそこへいくと我らのクルマは「1足す1は2」「3引く2・5は0・5」というニュートン力学ばりばりで計算し予測し100%の結論を出せる工学的機械ですから、混沌や偶然や予測不能性はここでは主人公ではありません。正義と悪魔が計算結果を支配しています。機械の世界はそこが楽しく面白い。現実逃避にはまさにうってつけというわけです。

東京に緊急事態宣言が発令されていた2020年4月7日から5月25日の間は本書のベースになっている「モーターファン・イラストレーテッド」の連載「福野礼一郎の二番搾り」でも試乗を自粛し、萬澤助手と一緒に、本書の試乗はいつもどうやってやっているか、どのような基準で評価をしているのかというテーマで座談を行わざるを得ませんでした。でもこれまでざっくり200台以上やってきたことを改めて箇条書きにまとめてみたり解説してみた結果、それはそれで本書シリーズをお読みになっていただくうえでの面白いガイダンスになっているだけでなく、みなさんがご自分でクルマに試乗なさる際のヒントにもなるのではないかと考え、本書の前後に分散して再録することにしました。

なんとなく自画自賛的な雰囲気が漂ってしまっているのはやむないところで、そこは何卒おゆるしください。

●試乗の状況、条件、場所

①試乗前取材A：安全で広い駐車場にクルマを駐め、前後席や荷室などおおむね50ヶ所の寸法を測定、前後席の静的着座性や居住感／ドラポジ／インパネ操作性などをメモする。同時に各部をスマホで撮影。

②試乗前取材B：エンジンをかけ、ハンドルを片側いっぱいに切り、ボンネットを開け、アイドル振動・騒音をチェック。パワートレーンや補機の配置、エンジンマウント、エンジンルーム構造的補強、衝突安全などエンジンルーム内の設計ポイントなどを確認。エンジンの防音カバーを外して高周波の遮断効果を耳で聞く。前後サスも地面に寝てのぞいて現認しスマホ撮影（iPhone11proで広角レンズがついてからはストラットのアッパーアームマウント部からロワアームまでワンショットで撮影で

きるようになって神)。

③試乗前取材C:タイヤ銘柄/サイズ確認、空気圧チェックと調整(萬澤)。車検証記載事項確認+撮影(ABCで約20分)

④試乗:交通量がすくない午前中~午後3時に行う。対角線上に前後席2名乗車。インパネ固定カメラで試乗中の会話をすべて動画撮影する(広角レンズと音質のよさで、いまだソニーHDR-MV1を使用↓2台目)。

⑤タイヤ1回転目からインプレし、真面目に真剣に試乗。制限速度+αの交通の流れに乗って走り、互いの印象を率直に声に出してしゃべる。相手の意見には「そうかな」と疑いを持ち、無意識に同意しないようにする(だいたい前後席での印象は大きく違う)。ルート後半で運転を交代する。

⑥ルーティン走行場所例①:都内一般路約8km+首都高速霞ケ関ランプ環状線内回り↕湾岸線大黒PA約66km=合計約74km

⑦ルーティン走行場所例②:都内一般路約11km+第三京浜道路玉川インターチェンジ↕神奈川7号横浜北線↕大黒PA約49km=合計約60km

⑧乗り心地評価路例（一般路）：麹町警察通り二松学舎裏→麹町警察までの１㎞区間（段差とうねり）など。

⑨乗り心地評価路例（高速道路）：浜崎橋ＪＣＴランプ右カーブ（うねりと段差）、浜崎橋ＪＣＴ→芝浦ＪＣＴ（路面変化、縦の轍）など。

⑩ハンドリング感評価路例（高速道路）：首都高２号線（全線往復）、首都高速環状線内回り一ノ橋→芝公園、大黒ＰＡ上下線ランプ、第３京浜港北ＩＣ→横浜北線ランプほか。

●評価対象

⑪基本評価：パッケージ全般、各部基本寸法、内外装細部の仕様と生産技術、居住感。最近はあんまりひどいカッコのクルマばっかなので、スタイリングの私的印象もあえて含めるようにした。

⑫試乗評価Ａ：ドラポジ、視界、ハンドルやペダル操作性、スイッチ操作性やインフォ画面操作性など。

⑬試乗評価Ｂ：一般路と高速を普通に走行しているときの操舵感、操安性、直進安定性、加速性能、変速制御、制動感、運転支援システムなどのドライバビリティ全般。

⑭試乗評価C：騒音、振動、乗り心地、動的着座感などの快適性全般。
⑮後席乗車時その1：居住感、前方／側方視界、着座姿勢と動的乗り心地、騒音、振動などの快適性全般。
⑯後席乗車時その2：前後席での会話明瞭性（防音技術に関係↓吸音材は軽量だが会話周波数成分を減衰しやすい、また革は音響には反射材なので会話明瞭性は上がりやすい）。
●原稿への展開
⑰広報車借用の恩義に斟酌せず、感じたことは正直に書く。
⑱個体情報（車種、車台番号、タイヤ銘柄、試乗時冷間空気圧、車検証記載車重）、試乗条件（試乗実施日時、試乗ルート）を原稿に必ず明示する。
⑲自分の印象だけでなく同乗テスト者（萬澤）の意見も記載する。
⑳現象の報告だけでなく、間違いを恐れず考察と意見も書く（ここが評論）。
㉑疑問点・不明点は専門家（「クルマの教室」や「バブルの死角」の講師、メーカーのエンジニアなど）に素直に教えを請う。

㉒業務報告ではなく雑誌記事なので、楽しく面白くわかりやすく、なにかひとつ謎を解明できたような気分になれる読み物になるよう勘案・傾注する。

萬澤　「試乗状況、試乗条件、評価場所」の各項目について補足しますと、前日に私が広報車を借用してきた場合は朝9時すぎごろ福野さんのご自宅に持って行きまして、①②③は日本武道館の近く北の丸公園の駐車場で行っています。2人でメーカーに試乗車を借用に行く場合は三菱やジープやホンダなら駐車場内、VWとベンツはクルマ寄せ、ダイハツなら朝霞のりっくんランド駐車場などといった具合に、いつも決まった場所で試乗前チェックをしています。寸法測ってメモして、写真撮って前後席に座ってメモ取って、エンジンルームとサスのチェックして撮影と、福野さんは一人大忙しの20分です。私はその間サスやエンジンを自由に眺めて、気が付いたことをあとで報告してます。

福野　ここでのポイントは②ですね。エンジンかけたままエンジンルームを開ける。車内に乗って「静かだな」と感じても、エンジン自体が静かなのか、エンジンマウントでの振動減衰や防音材を使った騒音減衰の成果なのかわかりません（小型車では大抵後者ふたつ）。エンジンと車体を触り比べればマウントの振動減衰効果がはっきりわかるし、エンジン上部のカバーを外せば裏側の防音材が、ウレタンかフェノール樹脂硬化フェルト（黄色）かガラスウール（やっぱ黄色）かシンサレートかわかります。それによる高周波の騒音減衰も確かめることができます。みなさんも安全に十分注意しながら自己責任でやってみてください。

萬澤　個人的には防音カバーがついたままのエンジンルーム写真を撮影・掲載するなんて馬鹿じゃないかと思います。カタログにない写真が載ってるからこそ実車取材の価値があるんですから。あと③のタイヤのエア圧。銘柄、サイズとともに乗り心地と操安性の印象が大きく変わってしまう重要ポイントですが、これまで二番搾りの連載で福野さんと乗った約２００台の経験からすると、広報車だからといって指定圧になってるとはまったく限りませんでした。タイヤの諸条件はあまりに試乗印象を大きく左右するので、エア圧どころかタイヤ銘柄も書いてないインプレなんて読んでも無駄だと思ってます。

福野　⑤に「真面目に乗る」とあえて書きましたが、これ結構重要です。クルマは「なにを感じ取るか」をしっかり見据えたうえで真剣に真面目に乗らないとなにもわからない。ぼんやり乗ったら

100台乗ったって200台乗ったってなにもわからない。

萬澤　「慣れるまでがインプレ／慣れたらみんな名車」というのは福野さんの名言ですね。

福野　いろいろあれこれ感じるのは一般路、高速、ワインディング、それぞれ状況の最初のおおね5分間です。それ以後はどんどん慣れて馴染んで、だんだんなにも気にならなくなっていきます。だから最初の5分を真面目に乗らず、そのままだらだら1時間2時間乗れば、どんなクルマも「いいクルマだったね－」という評価になります。

萬澤　印象を正直に原稿に書く⑰というのもむかしから福野さんの特徴です。

福野　クルマの設計というのは背反要件の塊であって「すべていい」「全部最高」なんて絶対ありえない。メリットには必ずそれに背反するネガがある。設計者や開発者はだからこそ、それらの両立最適化をめざして一生懸命設計し開発しセッティングしてるわけです。だから悪い評価を読んでいきなり頭から湯気出して激昂したりはしません。まず「なぜそういう感想になったか」を冷静に考えるはずで、そのときに重要なのが「試乗条件」です。なんのタイヤを履いたどの個体にいつどこで乗ったかですね。個体差はやはり少なからずありますし、いつ乗ったかは天候条件、積算走行距離、整備タイミングに関係します。エア圧も当然重要。「どこのカーブをどれくらいの速度で走ったとき」の印象・感想なのか書いてあれば、やる気のあるエンジニアなら同じ車両を広報から借りて同じ道を同じ速度で走ってみることもできます。試乗の状況・場所・条件を明記するというのは「実験に再現性がある」ということです。クルマをけなされて怒り狂うというのは、メーカーの人でもそうでなくても、機械のことはなにもわかってない人だけです。

萬澤　⑥⑦⑧⑨⑩は試乗ルートと評価地点の例ですが、もちろんクルマをお借りした場所によってルートと評価場所も変わります。

福野　私が評論を始めた80年代初め頃は、オリンピックのときの舗装が老朽化して東京中の道路はがったがた、インプレもやり放題でしたが、どんどん道がよくなって評価に使える道が少なくなってきました。道がよくなって乗り心地よくなったんなら別にそれでいいじゃんという見方もできますが、クルマはやっぱ入力が大きくなるとボロが出る。良路では暴走しないとわからないことが、舗装悪路なら40㎞／hでもいろいろ気がつきます。

萬澤　はい。

福野　クルマは限界までストレス与えて走った方がいろんなことがわかるんですね。速度出してコーナー回れば横Gも大きくなる。ターンパイク持ってって130㎞／hでコーナリングして下り直線で190㎞／h出すとか、そういう反社会的な暴走運転すれば確かにいろんなこともわかる。でも公道でクルマの流れに乗って走る試乗ですからハンドリングを試すのも上記のポイントでの60㎞／h＋αの速度域範囲内での話です。

萬澤　みなさんターンパイクではいまだやってるんじゃないんですか？　なぜ地元警察は一網打尽にしないのかと思います。一般の方はみなさん安全運転で走ってるわけですから安全運転インプレでないと意味ないですよね。

福野　60㎞／hで浜崎橋のランプ回ってみた感じに一般路／高速での乗り心地とかNVの感じも考え合わせて、ボディ剛性、ステアフィール、ロール剛性、ダンピング設定などの類推をするわけですが、要はどれだけ集中してインプレするかだと思います。大黒PAのランプ60㎞／hでも真剣に半周すればなにも考えずにターンパイクを2往復暴走するより得られるインプレは大きい。これは絶対にそうだといえます。

萬澤　最初の5分間という話がありましたが、タイヤの最初の1回転のフィーリングや据え切り操舵力にもこだわりますよね。

福野　これはインプレというよりチーフエンジニアの人間考察に近いかな。タイヤの最初の1回転のフィーリングにはATのトルコンの設定、ペダル操作感、タイヤの特性などが関係してますが、こういうところにきちんと気を使ってセッティングしてあるクルマというのは、経験的にいって全速度域でもドライバビリティに対する配慮がおおむね繊細なんですね。据え切り操舵力の重さ・軽さ・フィーリングなどにはクルマに対するチーフエンジニアの考え方が現れると同時に、ドラポジの基本設定が大きく関係しています。

萬澤　ドラポジ評価がマストで出てくるのも福野さんのインプレの特徴。

福野　「ドラポジなんて個人の自由だ」という方もいますが違います。ドラポジは「操作性人間工学」という学問の一端です。1930年代にアメリカで航空機の開発にあたって軍産学協同で着座状態での人間の心理や操作能力などを徹底的にテストし、スイッチの配置位置や形状や操作性、計器盤のデザインや文字サイズや照明、椅子の高さと背もたれ角度、操縦桿やペダルの位置や形状などを学問的に実験・考察して設計基準を作ったのが最初だと言われてます。もちろんクルマにはクルマの操作性人間工学があり、自動車メーカーも各社独自の指標を持っています。クルマの場合の重大な操作性はハンドル操作です。ステアリング全周に操舵力をしっかり伝えるためには、体からもっとも遠いステアリング上端部をしっかり握ったときに肘が35〜40度以上曲がってなくてはいけない。そのためにはスライドを前に引いて背もたれを25〜26度くらいに起こさなければいけません。教習所でもこのように教えているはずですが、それがトラウマになって逆効果化しているのか、一般的なドライバーはおおむね背もたれを27度以上に倒した「安楽姿勢」で運転しています。だから据え切り操舵力を軽くしないとステアリングに力が入らなくて操舵できない。あれは操舵力の問題じゃなくて、まずドラポジの問題です。

萬澤　思慮の浅いメーカーはお客さんの意見に合わせてデフォルトの姿勢を寝そべらせて、それに合わせて据え切りを軽くしちゃうんですね。

福野　ここ5年ベンツを中心に寝そべった着座姿勢が隆盛してきてます。シートベルトリトラクタの性能があがってロックタイムが短くなり、背もたれを倒していても衝突時にハンドルに顔をぶつけにくくなったことが背景にありますが、寝そべって乗ると体重を背もたれに分散できるのでシートの座面設計が楽になること、寝そべっていると後突の際のエネルギー吸収がやりやすいことなどのメリットがあるのがその理由です。確かに助手席や後席ではそれでいいんでしょうが、運転操作にそのような安楽姿勢は向いてません。寝そべって運転してると力が入りにくいだけでなく、複雑で緻密な操作がしにくく、頭の働きも鈍ってぼんやりし眠くなりやすいからです。「レディプレイヤー1」の悪役のソレントがオアシスにログインするときに座るOIR9400の着座姿勢も半分空向いて踏ん反り返ってるけど、あの姿勢じゃ眠くなるだけで仮想現実の中でだって機敏な格闘は絶対できない。同じX1ブーートスーツ着ててもウエイドのように全方位型ランニングマシンの上を歩いたり走ったりするのが正しい。

萬澤　ははは。福野さんも結構ハマったくちですか。据え切りでアホみたく操舵力を軽くしてるクルマのチーフエンジニアは、たぶん自分のドラポジからしてきっと寝そべり姿勢なんでしょうね。

福野　これは完全な偏見ですが、数トンもあるクルマを動かしているのに「据え切りではハンドルは軽ければ軽いほうがいい」などと安直に考えるような人は「高速道路ではハンドルは重いほどいい」

「コーナリングではステアリングはシャープなほどいい」と思ってたりもしがちなんですよねえ。ようするに操作性に関する考え方が平板で単純なんですね。ついでにヒールでも楽に運転できるようにペダル踏力もうんと軽くし、きびきび走るようにトルコンのストールトルク比も上げてあったりするから、操作ひとつ間違えでコンビニに突っ込む。「異常に軽い据え切り」というのはそういうダメドライバビリティ車の最初の兆候だと思っています。

萬澤　それを左右するのはメーカーよりまずチーフエンジニアと書くのも福野さんです。

福野　クルマはチーフエンジニア次第ですから。どんなタコ会社だってチーフエンジニアが有能で明敏で信念と根性があるなら、言い寄ってくる馬鹿や立ちはだかるアホをちぎっては投げちぎっては投げ、なんとか執念で名車を作ってしまう。

萬澤　ははははは。なんか目に浮かびますが。

福野　とはいえ「私はスポーツカー大好きでサーキットも走るんですよー、自分でもXXX乗ってるんですーわははは」みたいなケースもこれはこれで結構あぶない（笑）。聡明な人間というのは決してうぬぼれないものです。賢明なチーフエンジニアは「どのみち走りのプロなどであるはずがない」と自認して己のことなど信用せず「優秀なテストドライバー」の意見を聞いてスポーツカーを作る。テストドライバーは走った感想を「ここがこうダメだった」と報告し、エンジニアはそこから原因をあれこれ類推して改良部品を作るわけで、これが「開発」という仕事ですが、このとき評価の蓋然性を確認するためにエンジニアはあえていじわるをする。たとえばまったく同じクルマなのに「改良した部品組みましたー」と嘘をつく。走って戻ってきて「へんだなあ、なにも変わってないなあ」と報告すればそのテストドライバーは正しく感じ取ってる証拠です。逆に改良部品をだまって組んだクルマに乗って戻って開口一番「なんかやった？　よくなってるじゃん、すげえよ」と反応があれば、そのドライバーは信頼できる。これ1000回やれば誰が本当の「神」なのかおのずとはっきりする。

萬澤　ははは。

福野　あとは神様のいうことを一言も聞き逃さず、メモって考えてクルマを改良しセッティングすればどんどん名車になる。R35のGT‐RだってレクサスLFAだってそうやって作ったんですよ。

（あとがきにつづく）

目次

STORY : 01

なんだかだんだんと
感銘の念が押し寄せてきた

☑ Mazda **Mazda3** | マツダ3

マツダ3
□https://motor-fan.jp/article/10016355

2019年8月23日

［FASTBACK XD Burgundy Selection］ 個体VIN：BP8P-100020
車検証記載車重：1410kg（前輪900kg/後輪510kg）
試乗車装着タイヤ：トーヨータイヤ PROXES R51A 215/45-18

試乗コース 千代田区の北の丸公園から試乗開始。下道を走行して首都高速道路・霞が関ICから入線。都心環状線、1号羽田線、11号台場線、湾岸線を走行して幸浦ICで降線。海の公園付近でUターンし、同じ道を走行、大黒PAで一度停車し、再び同じ道を走行して浜崎橋JCTから都心環状線外回りを走行、北の丸ICで降線し、北の丸公園へ戻った。

マツダさん革命

生まれて初めてポルシェを運転したのは18歳で免許を取った半年後、1974年の秋である。中学校時代の先輩から黄色い73年式（2・4ℓ）の911Eタルガのキーをわたされ、2時間ほど都内を好き勝手ぶっ飛ばした。

空吹かしのレスポンス、発進加速時のトラクション、ブレーキング時安定感に驚いたが、一番感銘を受けたのはハンドリングだ。サスにはコンプライアンスという概念がほとんどなく、接地点ががっちり固まってゴーカートみたいな操舵フィール、なのに乗り味が少しも荒っぽくないのである。

当時悪友がこぞって乗っていたのは国産スポーツカーだ。GT‐R、240ZG、サバンナGT、セリカLB、GTOとFTO、27レビン。極太タイヤを履いてばねとダンパーを固め、ウレタンブッシュかピロボールに交換するのが常だった。つまり「がちがちのアシ」にはすでに慣れっこだったというわけだが、ポルシェはそれらどの運転体験とも違った。段差をこえてもうねりを抜けても「ぐしゃっ」とも「ぎしゅっ」とも言わないし「どらららん」「わななん」ともならない。かっちり固まったまま一瞬上下にゆれるだけ。なんとも謎だった。「とにかくなにかが根本的に違う」、そうとしか言いようがなかった。

自動車ライターのクソ溜めに落ちてからしばらく泳いだころ、違うのはボディだとやっと気がついた。

サスのコンプライアンスを減らせば操舵応答感や操縦性はダイレクトで気持ちよくなるが、ボディ剛性や局部剛性が強靭ならばコンプライアンスなしでも乗り味は荒くならない。

マツダ３の乗り味革命のポイントは、ようするに73年型の９１１のココロと同じだ。

反骨的でヘソ曲がりが素晴らしいマツダのエンジニアは、しかしプレゼンの段になると例によっておかしな広報的表現を駆使してユーザーとセールスとメディアとヒョー論家をケムに巻く。毎度ここがマツダのいやらしいところだ。

「ＦＦのセオリーには反してるがクルマのセオリーには反しとらんぞ」「硬いけど気持ちいいんだ文句あるか」堂々そう言えばいいのである。

自動車評論家こぞって絶賛らしい。私も同じだ。パッケージ以外は。

マツダ３を眺める

マツダのＣセグ・グローバルカーのアクセラ4代目、従来輸出名を継承して「マツダ３」。

車両の基本パッケージは先代からほぼ踏襲する。２・７ｍ級ロングホイルベースで前車軸↕座席が遠くボンネットが高く、コンクリート塀でも倒れてきて押し潰されたかのようにフロントガラスが寝た無残なパッケージだ。

全高が30㎜も低くなったのはルーフアンテナを廃止したから。その分ルーフが少し高くなり、さらに最低地上高も15㎜落としているのに、車内高は実測で１１６５㎜→１１３０㎜と低くなっていた。なぜかは不明。

全高１４４０㎜、ホイルベース旧型＋25㎜の２７２５㎜。どっかで聞いたことあるような数字だと思ったら、あのクソ出来の悪いＷ１７７・Ａクラスだった。

Ａクラスの図版を透過ＧＩＦにして全高を合わせ重ねてみたら兄弟みたくそっくりだ（図版はＷｅｂ上にアップ）。ガラス傾斜のアホ度ではさすがのベンツもマツダにはかなわないが、前後オーバーハング長さ、フロントガラス下端位置、前輪基準の前席ＨＰも後席ＨＰなどパッケージ上っ面のツボがそっくり、ついでに極限までリヤサイドウインドウを小さくして真っ黒のプライバシーガラスをはめ、斜め後方視界を封じて後席を洞窟化したとこまで一緒だ。

自動車デザイナーは世界中みんな仲が良すぎるからバカもすぐ伝染するのである。

横断面でもＡクラスvsマツダ３は全幅１㎜違いの１７９６㎜対１７９５㎜。しかしサイドガラス位置を比べてみると下部幅で25㎜、上端幅で40㎜マツダ３が広く、カップルディスタンスが異常に狭いＡクラス＝６８５㎜に対してマツダ３は７４０㎜とＤセグ並みだ。ここはマツダの圧勝である（ただし最小回転半径はベンツ＝５・０ｍ、マツダ３＝５・３ｍでベンツの勝ち）。

前輪中心↕前席ヒップポイント距離を実測してみるとざっと１１８０〜１４５０㎜。前席スライド量が実測約２６０㎜ｍもあるので最小値が短いが、最大値は縦置きＦＲ車に迫る（旧ＢＭＷ１シリーズ＝Ｆ20で最大約１５５０㎜）。したがってクルマは長いがドラポジはいい。

コラムのテレスコ調整しろは実測65㎜、指を伸ばせばインパネに触れるくらいの位置まで押し込める。

座面サイズはたっぷり、本革シート仕様は表面がやわらかくいきなりのあたりもソフト、面圧はきれいに整っており、さらに座面全体を30㎜チルトさせて大腿部下部のあたり感を最適にできる。バックレストの張り感もなかなかいい。

ドラポジもシートも言うことなし。丸く硬く断面も悪くないステアリングも文句なし。だまって座っただけで最近のドイツ車よりはるかにマトモであることがわかる。

インテリア意匠もCセグの常識を大きく超える品質感だ。試乗車はミシン縫いのソフトパッド入り合皮をインパネに張っていた。縫製した合皮を金型にセットしてからウレタン発泡し樹脂フレームと一体化する製法は、高級車でも最近ここ5年くらいの技術トレンドである。

残念なのはBMWデッドコピーのおっ立て横長LCDモニター。横長ナビが役に立たないことはテスラ・モデルS→XC90→プリウスPHVの縦置ナビがすでに証明している。10年古い。

マツダ3に乗る

ボディはセダンと5ドアハッチの2種、エンジンは1・5ℓと2ℓのガソリンNA、1・8ℓディーゼルターボ、そして2019年末追加予定のSPCCI＝スカイアクティブなんちゃらの4種だが、我々の予定に合致して借用できたのはハッチバックのディーゼル仕様だけだった。

ディーゼル最上級の「XDバーガンディセレクション（2WD）」、価格は先代アクセラの2・2ℓディーゼル並みのなんと298・92万円。「ポリメタルグレーメタリック」という一見ソリッドグレーのような渋いボディカラーである。

車台番号BP8P-100020、車検証記載重量1410kg（前軸900kg／後軸510kg）。

タイヤはトーヨーPROXESの「R51A」というマツダOEM仕様215／45‐18。指定圧はフロント260kPa、リヤ250kPaとやや高い設定で、さらに冷間で前後10kPaづつ余分に入っていた。このまま乗る。

フロントガラスを打つ雨音がだんだん強くなってきた。室内にワイパーの音が響く。ウインカーの音が非常に小さいのでかき消されて聞こえない。おそらくこのクルマも硬度の高いガラス接着剤を使っているのだろう（↓ボディ剛性）。

パーキングスピードで転がりだすとソフトなトレッドのあたりのマイルド感がいつものトーヨーの美味だったが、公道に出るとガツゴツと路面をよくひろってなんか硬い。空気圧が高くて縦ばねがぱんぱんにあがっているような感じだ。

後席の萬澤さんも最近珍しいくらいのアタリの硬さに驚いている。

ふた昔前のビーエムのような硬さだが、不快感がほとんどないのは、上下動が一発で収束すること、そしてボディが強靭でうんともすんとも言わないからだ。麹町警察通りではかなり早いピッチで揺すられたが、ボディの反応は実にソリッドである。

インパネやドアの内張を拳固で思い切り叩いてみるときりっと締まったいい音がする。ロードノイズが低いのも道理だ。

ステアリングは微低速から操舵力がしっとり重く、切り始めから反力があって接地感がいい。「どっちに切ってるのかさえわからないくらい感覚がデッドなのにクルマだけは過敏に動く」という最近のビーエム上級車の4WS付き地獄の低速操舵感に比べると、走り出しからしっかりかっちりずっしり決まって実に気持ちがいい。

それにしてもエンジンが静かである。

アイドリングはほぼ無音・無振動、走り出してもガソリンエンジンのような低い音が遠くで聞こえてくるだけで、ディーゼル車に乗っている印象が全然ない。

従来1・5ℓ版を拡大、ピエゾ素子インジェクターで2・2ℓ同様急速多段燃焼を行なうが、噴射タイミング制御でエンジンの構造的共振を燃焼による加振力で相殺したり、ピストンなどの設計的工夫で構造共振そのものを低下させるなど源流対策も駆使しているようだ。しかしなにより効いてるのはパワー／トルクを出してないことだろう。

エンジンの騒音は一義的には筒内圧と慣性力で左右される。同じ構造のエンジンならトルク／パワーが低いほど静粛性は高い。マツダなら1・8ターボで360Nmくらい出すのはわけもないはずだが、あえて116ps／270Nmに絞ったのは燃費対策だけではないだろう。

ちなみに「クルマの教室」の講師のエンジニアは「燃費を追求していけばおのずと軽量化とフリクションロス低減に走るから、結果的にエンジン騒音は大きくなる。なので結局、熱効率と騒音は両立しない。これが私の持論」と言っていた。いつもながら面白過ぎる。

霞ヶ関ランプから首都高速に上がる。

アクセル開度5〜6割をキープしていると、エンジンがふーんと回って加速し、トルクが落ちてくるあたりでふっとATが繋ぎかえる。ふーんとねばってすっ、ふーんと回ってすっ。じつに的確、なめらか、かつ素早い変速だ。

6速ATは自社製。さすがにエンジンとの協調制御は極上である。制御ロジックも8HP（ZF）なみに利口で、ぐっと踏み込めばすかさずキックダウン、ここで戻せば即座にシフトアップ、以心伝心だ。

浜崎橋の右カーブでは段差の挙動がよかった。がつんとショックはきたが一発収束、進路も舵角も乱れない。これはちょっと素晴らしいかも。

本線の合流でアクセルを全開にしてみると、6割の開度とほとんど加速感は変わらない。つまり基本的には額面通りパワーはないのだが、アクセル開度4〜6割にキープして走る普通の運転では70→100km／hくらいの加速感が実に頼もしい。知らない間にシフトダウンしていてぐいぐい車体を牽引する。350Nm／185psですと言われたら素直に信じるだろう。絶妙AT制御にたすけられて270Nm／116psでこの加速感を達成しているから、ここまで静か。燃費もいいに違いない。

なんだかだんだんと感銘の念が押し寄せてきた。

ステアリングを切ると意外にゲインが高い。フロントのロールが少なめ、逆にリヤのロールが少し大きい。つまりFFのセオリーとは真逆だが、操舵力が重めでロール速度そのものも適度なので、外輪がいきなり突っ張るような不自然な感じはない。逆に外乱への修正舵が一発で決まるので直進安定感が非常にいい。

「リヤは上下動はありますが横方向への揺動がほとんどないし、上下動の収束もいいです。あと福野さんがステアリングを切ったときのリヤの追従感がとてもいいです」

確かにリヤサスもしっかりしている。

家に帰って妙に高邁で難解なマツダの発表資料を読んでみたら、ようするにフロントサスの設計ポイントは「ロワーアームに下半角をつけ瞬間中心（＝ロールセンター）を上げたこと」「前後コンプライアンスを減らしたこと」の2点だった。

「ロールセンター」とはロール運動の中心点ではなく、「ばね上とばね下がサスのリンクを介して横力を伝え合う合力点」のことだ。重心高からロールセンター高さを引いたものがロールのモーメントアームである。ロールセンターが高ければサスアームが突っ張ってアンチロール率は高くなる。しかもアームは、ばねやブッシュと違って荷重を一定にダイレクトにつたえる。

ロールセンターを上げると左右荷重移動量が大きくなるからFF車ではトラクションで不利だが、実際にはフロントをストラット式にして瞬間中心の移動量を大きくし、フロントのロール剛性を下げて荷重移動のフロント分担を減らしてトラクションを上げたとしても、バンプストッパーに当たってしまったらばねレートが急激に上がって「どアンダー」になってしまうのだから、クルマは単純な論だけではうまく走らない。

走行中のタイヤは路面の凸に突撃する。だからタイヤからの入力はまずタイヤを後方にどかーんと蹴飛ばしてからサスの縮み方向の力に変換される。したがって乗り心地を良くするにはフロントサスの前後方向にブッシュをソフト化すればいい（＝前後方向にコンプライアンスを取る）。しかしこうするとエネルギーがブッシュを縮めることにまず使われてサスが縮むタイミングが遅れ、ダンパーで作る減衰力の立ち上がりが遅れる。

だからマツダ3は前後コンプライアンスをあえて固めて、サスを早く上下させることにした。

ロールセンターを上げ前後コンプライアンスを固めれば、サスに伝わる力のやりとりのレスポンスがなめらかで早くなって操舵感が上がる。これは当たり前の話で、昔から後輪駆動のスポーツカーやスポーティカーはみんなこれをやってきた。なぜ乗用車ではやらなかったというと乗り心地が悪くなるからだ（ＦＦではトラクションも落ちる）。

しかしいまのクルマはボディ剛性が高い。局部剛性もどんどん上がってきた。タイヤの性能もいい。こういう硬いアシでも乗り心地をさほど悪化させずに操舵感をスポーツカーなみに上げられる。

ここがマツダ３の発想だろう。

大黒ＰＡで早メシを食っているとき、萬澤さんからリヤの乗り心地対策として後輪の空気圧を下げてみたいという提案があった。

やるなら一気に落とした方が功罪はっきりするので、温間２６０kPaまで上がっていたリヤの空気圧を２２０kPaまで落としてみることにした。フロントはそのままいく。

湾岸線上りを走ってみると当然ながらあたりは丸くなったが、リヤのダンピングが落ちてクルマの挙動の切れ味があまくなった。乗り味としてはさっきの方が良かったが、萬澤さんは「乗り心地がよくなった」とご満悦だ。後席に人を乗せる場合リヤは冷間240kPaあたりがおとしどころか。

リヤに乗る

大井PAで運転を代わり後席体験してみた。

助手席に座ってシートスライド位置を合わせてから後席に移ると、ロングホイルベースの効果もあって前席背もたれ↕後席膝は18cmと広い。ただし座面↕真っ黒天井の実測値900mmと天井の低さは人類最低レベルに迫り、サイドガラスの見切り位置も床から780mmある。このクラスの実測で座面↕天井900mmを下回ったのはこれまでボルボV40の880mmだけ、サイドガラス見切りがこれを超えたのもV40の790mmだけだが、V40と違ってこっちは真っ黒のプライバシーガラスが入っている。後席の暗さと暑苦しさはAクラスを超えて間違いなくこのクラス世界最悪だ。

ただしシーティングパッケージそのものは悪くない。

背もたれが立ってトルソ角は適正。前席下が広くないので脚が伸ばせず腿裏が浮いてしまってせっかく長い座面に接地せずお尻の面圧が上がってしまうのが残念だが、好き勝手なカッコを作ろうと専横にふるまうデザイナーと必死で戦いながら後席居住性を確保した成果なのだという感じが漂う。

訳のわからない理屈をこね回しながらおかしな格好のクルマを大量生産するカーデザイナーこそクルマ諸悪の根源だ。もう本当に勘弁してほしい。どっかに消えてもらいたい。

萬澤さんの運転で走りだすと確かにリヤサスもブッシュが硬いが、ショックの減衰が早く局部剛性の高さを感じる。フロアにもほとんどドラミングがこない。リヤゲートまわりからの振動・騒音も3BOXセダンかと思うくらいしっかりしていてロードノイズも非常に低い。

このクルマはボディの一部に「減衰構造」という設計思想と「減衰接着剤」を使っている。後者はヒステリシスの大きい特性の接着剤ということだろう。ボディの欠点はダンパーがないことだから、これは画期的だ。エンジニアに聞いてみたところ「ダンピングすればもちろん剛性は落ちるが、うまく使うならNVだけでなく操安のいなしもできる可能性がある」と言っていた。

リヤサスはマルチリンクからTBAへ。これまたAクラスと同じだ。

TBAの欠点のひとつは横力トーアウト傾向が強いことだが（トヨタ・ヤリスの章参照）、資料を読むとイニシャルでトーインとネガキャンをつけたのに加え、ビームの横曲げ剛性を上げることで変位を抑えたという。TBAは自由度1のサスで左右輪が逆相で動くときはビームがねじれることが前提だ。これを固めたということはサスを硬くし、ロール剛性をあげたのと同じである。

また横力トーアウトを相殺するためトレーリングアーム付け根ブッシュを斜め配置にして横力でTBA全体が

斜行するようにしてトーアウト傾向をキャンセルするのがＶＷ以来のＴＢＡの常道だが、この方式はサスが左右同相で動いたときにフリクションが生じるのと、サス全体が横方向にずれて接地点が動いてしまうのが欠点だ。リヤの接地点が変位すれば操舵応答感は悪化する。

マツダ３のブッシュも斜め配置になってはいるが、乗り心地のアタリ感からしてブッシュはコンプライアンス方向（軸直角）だけでなく軸方向にも明らかに固めてあって、萬澤さんのいう通り横方向の変異をほとんど感じない。

このクルマの操舵感が非常にいいのは、ようするにリヤサスもしっかり固めたためである。

なんだかＡクラスくんだりとは思考レベルの深みが10光年くらい違う。

何度もいうがゴルフⅦの傑作はマルチリンク車ではなくＴＢＡ車（１・２ℓ）である。いいＴＢＡはヘタなマルチリンクよりいい。

マツダ３同様にフロントのロールセンターを上げ操舵応答感を上げているが、操舵力も軽く反力も軽く設定したうえ、ぐにゃぐにゃのＴＢＡをそれに組み合わせた結果として、首都高を普通に走るだけで恐ろしいというＡクラスのような粗大ゴミも作れるのだから、クルマとはつくづくメカだけでは判断できない。

操舵感、直進性、剛性感、静粛性、そして総合乗り味。Ａクラスより50倍いいのは当然としても、ゴルフ＋マルチ／Ａ３、ＰＳＡ、メガーヌＧＴも抜いてゴルフＴＢＡとＦＲの１シリーズと並ぶ出来、ドライバビリティのよさではＣセグメントＦＦ車最上級といっていいのではないか。ディーゼル＋自社製ＡＴのパワートレーンもディーゼルの世界最高レベルだ。値段はすこし高いし、カッコも後席居住性もひどいから、それで足を引っ張られてしまってるとしたら残念だが、街でマツダ3をみかけたら「あ、Aクラスより50倍いいクルマが走ってる」とぜひそう心の中で叫んでいただきたい。

STORY : 02

このパワートレーンはいい
これは気に入った。

☑ Daihatsu **Tanto** | ダイハツ・タント

ダイハツ・タント
❐https://motor-fan.jp/article/10016356

2019年9月25日

[X] 個体VIN：LA650S-0000118
車検証記載車重：900kg（前輪550kg/後輪350kg） 試乗車装着タイヤ：ブリヂストン Ecopia EP150 155/65-14

[カスタムRS] 個体VIN：LA650S-0000104
車検証記載車重：920kg（前輪560kg/後輪360kg） 試乗車装着タイヤ：ブリヂストン Ecopia EP150 165/55-15

試乗コース 板橋区新河岸のダイハツ東京販売が拠点。1台目は都道447号、都道68号、国道254号を走行して陸上自衛隊広報センターへ向かう。その後、桃手通り、国道254号を走行し、東京外環自動車道・和光ICから入線、首都高速道路5号線を走行し板橋本町ICで降線。国道17号、都道447号を走行して拠点へ戻った。2台目は拠点から北上、国道17号、東京都道・埼玉県道68号などを走行し、拠点へ戻った。

ダイハツの広報車貸出窓口は、首都高5号池袋線を中台ランプで降りて北に2・6km／6分ほど走った新河岸という場所にあった。お隣の浮間とともに荒川の土手とその南を並行して流れる新河岸川に挟まれた細長く平らな中洲地区である。

現代の荒川とは「荒川放水路」のことである。6kmほど下流の岩淵水門から江戸川区の中川河口までの約22kmを、1913（大正2）年から17年を費やし、のべ300万人を動員して手作業で開削したという、にわかには信じがたいような歴史的背景を持つ人工河川だ。

一方南側を並行して走る細い新河岸川は、それに先立つ江戸時代に川越藩主だった松平信綱が治水を兼ねた河岸工事を行なって開通させた旧舟運ルートで、往時は積載量70～80石（13～14・5t）の川船で物資を川越から江戸に運んだ。1日で往復する特急便を「飛切（とびきり）」と呼んだというからなかなかネーミングのセンスがある。夕方から翌朝にかけて一晩費やし川越から江戸へ客を運ぶ夜行特急も運行した。これが「川越夜舟」だ。

ダイハツ東京販売の施設は部品の倉庫と中古車の業販センターを兼ねており、U‐CARを積載したトランポやパネルバンなどがひっきりなしに出入りしていた。クルマも駐車スペースから溢れ出そうな状況だ。のこのこ広報車など借りに来る我ら雑誌屋などは完全に業務の邪魔で、それでもみなさん嫌な顔ひとつせず対応してくださったが、こんな忙しい場所を広報車の貸し出し窓口に決めたのはどこのどいつか一度ツラが見てみたい。

クルマを停めてのんびり観察するなんてとんでもない雰囲気だし、乗ってきたメガーヌGTを停めておくのも無理、ともかく近隣のコインパまでいくことにした。

借用したのはＮＡ＋２駆の中級グレード「Ｘ」（１４９万５００円）。おぞましいピンクメタの外装だが、インテリアのほうはグレーのファブリックでいたってまともだ。ただしあちこちにあしらわれたシャネルバッグ風キルティング調プラパネルと、明るいターコイズブルーのトリムがはめ込まれたエアアウトレットがなんとも安っぽい。

「かわいい」こそ日本の軽をつまらない機械に堕としめている最大の要因だ。「かわいい」と「萌え」こそ死ぬほど嫌いな文化である。

助手席側は例によってＢピラーレスのスライド。前ドアも直角近くまでかぽーんと開くからボディの開口面積はむちゃくちゃデカい（実測で間口幅約１５５０㎜、高さ約１２５０㎜）。ボディに開いたこの巨大な洞穴が乗り味にどう影響してるかがようするに試乗の注目ポイントである。

萬澤　４代目タントＬＡ６５０Ｓ／ＬＡ６６０Ｓ型はダイハツが開発した新世代設計生産基盤技術ＤＮＧＡの事実上の第１作で、ボディ／サス／パワートレーンなど全コンポーネンツを新設計した超大作です。基本パッケージは先代から踏襲してますが、モノコックは構造・材質両面に最新技術を導入し「軽量化」「衝突安全性」「剛性」という三律背反条件を最適化、フロアも16㎜低床化したそうです。エンジンはＫＦ型を母体に「ボルト＆ナット以外ほぼ新設計」したバージョン７で、スワール噴霧式２ノズル２インジェクターで高タンブル化を実現、圧縮比を11・２から11・５に高めてます。ＮＡはバルブ径を縮小して燃焼室をコンパクト化しＳ／Ｖ比を改善、

S／V比を高めながら圧縮比を上げられたところにポート噴射の強みがでてます。新型の内製CVTはリバース用の遊星ギヤ列を無段変速機として使い、中高速域でクラッチを接続してダイレクトドライブ化し伝達効率を上げるという、トルコンでいうロックアップ的な機構を設けているそうです。

福野　RAV4の「ダイレクトシフトCVT」とは違って発進時はベルト駆動ですか。

萬澤　そうです。ですので中高速域での燃費向上とレシカバ拡大（5・3→7・3）が目的だと思われます。

タント（NA）に乗る

NA＋2駆の「X」、車台番号LA650S-0000118、車両重量900kg（前軸550kg／後軸350kg）、タイヤはBSエコピアEP150の155／65-14。指定圧前後240kPaのところきっちり280kPaづつ入っていた。迷うところだが、とりあえずこのまま走ってみることにする。

福野　（運転席で）ハイト調整のノッチがやたら細かいのにレバーの剛性がまったくないのがツライ。一番下から最上まで28ノッチもある。上がるときはこの半分くらいのノッチで一気に上がって、下げるとき細かいノッチで下げながら微調整できるのが最適なんだが（＝VW式）。背もたれの調整もレバーが遠くてちょっとしにくい。でもドラポジはeKワゴン／デイズと違ってばっちり出ました。ハイトを上げると視界抜群ですが、天井が無駄に高いんでバックミラーを見上げるのがつらいね。なんでこんな高いとこにバックミラーがついてんだか（参考：地面↕ヒップポイント約650㎜、車内高1370㎜、座面↕天井1040～1090㎜、すべて実測値）。

萬澤　シートも完全新設計だそうですが。

福野　eKワゴン／デイズの6：4ベンチ式前席は座面圧が左右不均等で、乗ってるとセンター側へ転げ落ちそうだったけど、こちらは5：5で座面は広いが広過ぎず、面圧が整ってこのクラスとしては極上の静的座り心地です（座面幅550㎜、座面長さ470㎜、シート前端↕シート前端↕床340～365㎜、カップルディスタンス625㎜）。表皮に低反発材をいれていきなりの当たり感をうんとソフト化しつつ、下層の高反発材で体重を支えているという感じ。なのでストロークがすごーく深いように感じます。この座り心地は軽の中では群を抜いてますね。

この辺りの道にはあまり詳しくないので、試乗に専念するため運転席の真正面にナビ代わりのiPadを置いて、常に持ち歩いてる3Mのマスキングテープで固定した。安全上はあまり好ましくないが、道がわからなくて事故るよりはいい。

福野　ははは、どうよ。ステアリングの内側真正面いっぱいにGoogleマップが見えて最高のナビ視認性。こうじゃなきゃ。

萬澤　このクルマは「スマートパーキング（7万円）」などメーカーオプション10万円に加え、30万円分のディーラーオプションが載ってます。うち22万は9インチナビです。でもiPad＋Googleマップに完全に負けてます（笑）。

福野　いまどき誰がナビなんかに22万も払うかっての。iPad proとiPhone11Pro両方買えちゃうやん。
まず一般路を走りたかったので道路が空いてそうな西の和光／朝霞方面に向かう。

萬澤　軽もついに電子ウインカーかあ。いやだなあこれ。

福野　いやですよねメリハリなくて。

萬澤　（加速する）お。なかなかこれ……あーいや、発進の瞬間だけか。でも発進の一瞬はｅＫワゴン／デイズと違ってとーんとレスポンスきますね。気持ちいい。ステータのトルク増幅をうまく使ってる感じ。走り出すと基本的には車重に対してパワーがないから回転だけがうおーんと上がっていくラバーバンド制御にせざるを得ないんだが。

福野　でも音が気にならないですね。

萬澤　気にならない。エンジン音もＣＶＴもよく抑えてある。というか音自体は透過してるが気にさわる高周波域がよく減衰してあるんだな。いつもいうけどＣＶＴの決め手はＮＶですね。ＮＶさえよければラバーバンド制御もさほどは気にならない。

福野　ついでにパワーがあればラバーバンドにもならないですが。

萬澤　ステアリングが軽すぎないのはなかなかいいけど、操舵系のフリクションでかいなこれ。ステアリングホイールを大きくして操舵馬力を上げる（３７０㎜φ）一方でＥＰＳのアシスト量を落とすというのは理にかなってていいと思うけど、フリクションはどうしたもんですかね。少し右切って手離すとそのまま右へ、左切って手離すとそのまま左へ。まったくセルフセンタリングしない。反力感もフリクションに埋もれちゃってほぼゼロ、操舵力の重さとフリクションだけで直進してる感じです。eKワゴン／デイズは切り始めからしっかり反力感が返ってきて接地感がすごく良くて好印象だったから、走り出した瞬間に「最近の軽はすごいなー」って思ったけど、こっちは50年前となにも変わってない。

萬澤　個体差の出やすい部分ではありますよね。あとeKワゴン／デイズはEPSにブラシレスモーター使ってましたが、こちらは普通のDCモーターです。

福野　そういう問題じゃないでしょう。

萬澤　後席の乗り心地は悪くないですが、結構ピッチング方向にゆさゆさ揺れてます。あとロードノイズがeK／デイズより大きいです。ごーっというロードノイズにフロアが共振してびりびり微振動してるのがわかります。シート座面にも振動が上がってきてます。

福野　フロントはまったくそんなことないな。ロードノイズのレベルは軽としては低いし、たしかにフロアは振動してるけどシートの躯体剛性や取り付け剛性が高くてクッションでの減衰がすごくいいから体にあがってこない。あとブレーキかけてもリヤのアンチスクオートがよく効いてます。フロントの乗り心地は悪くないですよ。

萬澤　ダンパーがよくお仕事してる感じはありますね。

福野　これも絶対的軽さのマジックだな。車重が軽いから入力が小さく、その割に局部剛性が高いからコンベンショナルなダンパーでも一発一瞬減衰してる。3ナンバー／1・5トン車だとなかなかこうは切れ良くいかない。

あとミラ イースと同じでアイドルストップからのリカバリーのレスポンスはとてもいいですね。ステアリングをちょっと切っただけでブンとかかる。始動時の振動も短い。

萬澤 路面が荒れると後席の固体伝播音は壮絶だなあ、しかし。

福野 リヤにはエアコンの吹き出し口ないけど、効いてる?

萬澤 効いてます。窓面積がものすごく大きいんですがプライバシーガラスが入ってますし、紫外線だけでなく赤外線もカットしてるのか熱さも感じません。それにこんなものまでついてます(高級車みたいなシェードを引き上げる)。ついに軽まで。

福野 あー首が痛くなってきた。なんで後方確認するたびに真上見なきゃいけないんだって。そもそもだいたいなんでこんなに天井高いの。意味ないじゃん。

萬澤 ははははは。トールワゴンの存在に根本的な疑問を投げましたね。

福野 初代ワゴンR(1993年)はいいコンセプトでしたよ。ちゃんと着座位置も高くて車内高の高さを活かせたから。ワゴンR人気にあやかってスタイリングだけお手軽にマネしたムーヴとトッポがこのへんな文化を作ったんだよ。天井ばっか高くてみんなで下に座ってどうすんの。ここはシスティーナ礼拝堂か。

萬澤 各車子供が車内で立てることをメリットとして掲げてますよね。

福野 走行中は車内に立って自由に遊んでいただけますって?

萬澤 いえカタログにはたぶん見えないくらい小さな字で「走行中には車内に立たないでください」って書いて

あるでしょうけど（笑）。

福野　発進はいいけど、加速していくと絶対的なパワーがあまりに足りない。ＮＡへの固執はいまの軽の最大の足枷ですね。

萬澤　ターボにすると急にエアロに太いタイヤにブラックの内装の「男子向けスポーティ仕様」になっちゃうし。

福野　「ＮＡ＝婦女だまし、ターボ＝アホ向け」という昭和の固定観念からいい加減抜けないもんかねえ。もう２０２０年だぜ。え？

萬澤　軽のセールスとユーザーにはダウンサイジングの概念はまったく伝わってませんから。

福野　そんなのたんなる車両企画の問題ですよ。「ターボは燃費が悪いからいらない」とユーザーが思い込んでるなら、排気量を５５０ccに戻して直噴で圧縮比上げてターボつけて燃効率もパワーもあげてトルコンＡＴ組み合わせて「夢のスーパーエコエンジン」とかなんとか図々しく喧伝すればいいだけじゃん。パワートレーン全部それに一本化して10年使えばコスト高も多少吸収できるのでは。車重が９００kgもあるなら６６０ccのＮＡ＋ＣＶＴなんかいくら改良したって無駄ですよ。

萬澤　確かにそうですね。

　せっかくここまで来たので陸上自衛隊朝霞駐屯地に隣接する陸上自衛隊広報センター＝「りっくんランド」を見学することにした。陸上自衛隊の任務や役割などを紹介するための体験型広報施設である。

ＡＨ‐１Ｓ対戦車ヘリ、歴代主力戦車や装甲戦闘車などの各種車両、各種装備品などが展示されていて入場無料、駐車場も無料。航空自衛隊の浜松「エアパーク」や海上自衛隊の呉「てつのくじら館」に比べると小規模だが、何度行っても楽しい。

萬澤さんはなんと本日初体験だそうだ。

萬澤　うわ〜、戦車が……こんな近くで戦車見たのって初めてです。むちゃくちゃカッコいいです。ひえーなんですかこれ。

福野　あっちがお気に入りの74式戦車、こっちのガンダム調が10式戦車。

萬澤　まさに機能美ですね。なんでこういうクルマが作れないんだろう。

福野　クルマ好きならそう思って当然ですね。機械の内容としてはクルマだってぜんぜん戦車にまけてないと思うけど、ともかく意匠の根性が腐ってる。使う人間をバカにしながらデザインしてるとしか思えない。ＮＡはピンク色でターボはエアロ？　家電の方がまだマシだ。

萬澤　ここでこうして見てるだけでモノ作りの真摯さが伝わってきます。兵器ではありますが、いまのクルマにまったくなくなってしまった機械に対する賛美と憧憬を感じます。素晴らしいです。

福野　まったくその通り。

帰路は後席に。

福野　なんとも天井がバカ高くて落ち着かないけど、後席もシート自体はなかなかいい。今回は前後ともシートは頑張ったねえ。座面がたっぷり大きい（奥行き500㎜）し、床からヒップポイントまでが高いので腿裏までしっかり接地して面圧がでてる。クッションもソフトでストローク感あっていいです。スライドはえー（メジャーで測る）210㎜くらいですか。前席の下に足は入りませんが、足元はとにかく広い。前後方向はSクラスのロング並みか。

萬澤　おおー、これ発進で結構一瞬ロケットダッシュですね。eK／デイズとえらい違いです。

福野　Bピラーレスの割にはボディの上屋はしっかりしてますが、後席に座ってると若干わなわなはしてます。あと確かにフロアにつけが回ってますね。さっきの段差では結構ボディにきました。ぐしゃって異音がしちゃった。なんか後席乗ると一気にボロがでる感じ。

萬澤　運転してるとなかなかいいです。ステアリングは確かにフリクションがありますが、軽すぎないので運転しやすいです。

和光ランプから東京外環自動車道に乗るが、美女木八幡の交差点の万年渋滞だけでなく、首都高速5号線下りで多重事故が発生し、反対車線は完全通行止めの大渋滞。上りも見物渋滞に加え「日本の名作」こと大橋欠陥JCT起因の山手トンネル万年渋滞が加わって、板橋本町まで40分もかかってしまった。あのジャンクションを設計した人間と承認した会社、こともあろうにそれにグッドデザイン賞などくれてやった人間こそアホのいい見本だ。

残念ながら高速走行の試乗は断念。すみません。

ターボに乗る

本日2台目はターボ版、ＦＦ最上級車「カスタムＲＳ」（１７８・２万円）。
こちらも合計52・86万円分のオプションを満載した現実的にはほぼあり得ない仕様である。
お約束通りタイヤは一回り太い１６５／55-15（エコピアＥＰ１５０）、お約束通りインテリアは真っ黒。
車台番号はLA650S-0000104、車検証記載車重は前後10kgづつ重いだけの９２０kg（前軸５６０kg／後軸３６０kg）、出力／トルクはＮＡの52ps／60Nmに対し64ps／１００Nmである。

萬澤　こちらも前後２４０ｋPaの指定のところ２８０ｋPaづつぴたり入ってました。どうやらこれが方針（＝チーフエンジニアの指示?）のようです。

福野　はい。じゃあそれでいきましょう。

福野運転、萬澤後席でスタート。
高速があのザマなので一般路を行く。

福野　お。あれ。乗り心地悪くないやん。

萬澤　最初の段差のあたりが若干きつかったですが、アシは硬くなってないですね。朗報です。

福野　（発進して加速していく）うーんこれは。これはいいかも。ＮＡと同じ発進ダッシュからそのままどんどん伸びていく感じ、パワーがあるんで回転を引っ張らずにとっとと架け替えるんで、エンジン音と加速の伸びがリニアです。うわ、これ、おもわずアクセル戻すくらい速いな。

萬澤　ｅＫ／デイズのターボと全然違いますね。やっぱあれは真面目に作り込んでなかったんだな。トルクが40％もあがれば本来ＣＶＴの制御もまったく違ってくるはずですもんね。

福野　フロアの鳴りは大きくなってるがステアリングの操舵感はこっちの方がいい。フリクションはあるんだがタイヤが太くなったぶん操舵反力が増して接地感が良くなってる。アシが固まってロール剛性がやや上がってフラットになってますが乗り味にほとんど悪影響ないし。

萬澤　リヤに乗っててもピッチングが減って安定してる感じです。さっきより乗り味は明らかにいいです。外観はバカっぽいですが中身はえらいまともですね。

福野　うわアクセルゆるめてコースティングしてるとギヤリング落として待ってるよ。ほら（瞬時に加速に入る）。

萬澤　でた神ＣＶＴ（笑）。

福野　このパワートレーンはいい。これはいい。気に入った。これまで乗った軽のパワートレーンのなかで一番いい。もう軽はこれでいいわ。ミライースにも明日からこれ積め。てか日本の軽は全部これでいいよ。

萬澤　うははは軽全部これですか。「商工省標準形式自動車」。

福野 いやいや「陸軍統制型一式発動機」よ（笑）。パワーユニット含めなかなかのファインチューンですこの車種。まあターボとタイヤで28万円高（＝178万円）はちいと高いが。

萬澤 「Xターボ」なら同じパワートレーンで155／65‐14で158・95万円ですからさっき乗ったNAの「X」との実質差は9・9万円、iPhone11Pro我慢すれば買えます。

福野 セールスにはそうやって説得してほしいな。このパワートレーンには10万の価値ありますよ。

STORY : 03

VW信者の踏み絵、
これぞ現代のカーデーエフだ

☑ VW **Golf TDI / e-Golf** | VWゴルフTDI / e-Golf

VWゴルフTDI / e-Golf
❏https://motor-fan.jp/article/10016359

2019年10月21日

[Golf TDI Highline Meister]　個体 VIN：WVWZZZAUZKP091151
車検証記載車重：1430kg（前軸 900kg/後軸 530kg）　試乗車装着タイヤ：ブリヂストン Turanza T001 225/45-17

[e-Golf Premium]　個体 VIN：WVWZZZAUZJW911731
車検証記載車重：1590kg（前軸 880kg/後軸 710kg）　試乗車装着タイヤ：ブリヂストン Turanza T001 205/55-16

試乗コース　品川区北品川のVGJが拠点。１台目は国道15号を南下後、首都高速道路湾岸線・大井南ICから入線、大黒PAを経由し神奈川５号線、神奈川１号線を走行し、大師ICで降線、国道131号、国道15号を走行して拠点へ戻った。２台目は拠点を出発し国道15号線を北上、首都高速道路都心環状線・芝公園ICから入線し２号目黒線を走行、荏原ICで降線。再び戸越ICから２号目黒線へ入線、飯倉ICで降線し、下道を走行して拠点へ戻った。

ＶＷ10兆円計画

ディーゼルゲートは終わってない、そう印象づける展開があった。

２０１９年9月24日、ドイツの検察当局は２０１５年9月18日に発覚したＶＷのディーゼルエンジンに関する排出ガス不正問題事件に関して、不正の公開を遅らせ株価に影響を与えたなどとしてＶＷのヘルベルト・ディースＣＥＯ、監査役会のハンス・ディーター・ペッチュ会長、発覚時社長のマルティン・ヴィンターコーン氏を起訴した。

前年6月に不正問題に関与した疑いでアウディのルペルト・シュタートラー会長が逮捕され同社から解任されたことに続いて再びドイツ自動車工業会に衝撃が走っている。

ＶＷがドイツの司法当局やアメリカＥＰＡなどから課せられた罰金は総額約２７０億ユーロ＝３兆２６００億円にも上るが、事件によって生じた「いい影響」もあった。意思決定に絶大な影響力を及ぼしていた旧派閥が一掃され、方針決定が一挙に円滑化したことである。

ＢＭＷでＥＶ開発を担当、ディーゼルゲート直前にＶＷに移籍してアウディ、ベントレー、ポルシェ、セアト、シュコダ、ランボルギーニ、ドゥカティを擁するＶＷグループのＣＥＯに就任したディース氏が率いる新生ＶＷは、その意思決定力を存分に発揮、ＥＶの開発とバッテリーの生産・調達に約８００億ユーロ≒約9兆７０００億円を投じ、２０２５年までにＥＶ年間生産台数を３００万台にするというＶＷ・ＥＶ化計画を承認した。

2ℓターボエンジン+ATのパワートレーンの工場原価は一般的にいってエンジン20万+AT15万円＝ざっと35万円といったところだが、70〜90kWh級のリチウムイオンバッテリーの原価は現状200万円近くする。モーターとインバーターでさらに20万円。量産効果によってこれをリーズナブルなコストに引き下げるのがVWの当面のねらいだろう。

全固体電池など新技術の開発も投資対象に当然含まれているはずだ。

現職トップの起訴による計画への影響はおそらく避けられそうもない。

もちろんこのページでの我々（＝皆さんと私と萬澤助手）の興味の対象はもっと下世話で等身大の話題だ。ゴルフⅦに登場した新型ディーゼル、あれってどうよである。

なぜいまこのタイミングでローンチなのかと思うが、ゴルフⅧが国内投入されたときの予習をいまのうちしておくのもいいし、たぶんおそらく「希代の傑作」だったといわれることになるに違いないゴルフⅦ購入最後の一押しのその理由が見つかるかもしれない。

どうせゴルフⅦ乗るならついでに10兆円を費やしてVWが己の未来を賭けようとしているEVのポテンシャルも探っておかない手はないだろう。

ふたつのパワートレーンがもたらすパフォーマンスをいつも通り「常用域のドライバビリティ、使い勝手、快適性」という観点だけからのぞいてみよう。

2ℓディーゼルターボ＋湿式7速DCT→ゴルフTDI（391万円）に乗る

この6年間ずっと「ゴルフⅦ買うならリヤTBAの1・2TSI」と言ってきたし、その意見はいまも変わらない。VWのガソリンターボはこれまでなんども乗ってみており、「1・2ℓは実に素直でいい」「ゴルフの1・4ℓは気筒休止がレスポンスの邪魔」「DCTの変速制御はなんかぬるい」「2ℓはスペック以上の怪力・怪物」ともうわかっている。

ディーゼルどうか。

試乗車は'19年10月に国内発売したばかりのディーゼル最上級車「TDIハイラインマイスター（車台番号WVWZZZAUZKP091151）」＝391万円。車検証を引っ張り出してみると記載重量は1430kg（前軸900kg／後軸530kg）。リヤサスが同じトレーリングアーム＋3リンク式の1・4ℓターボ搭載TSIハイラインの車重が2013年型／14年型／15年型いずれの年式でも1320kg（810kg／510kg）だったから、アルミブロックに変わった新型とはいえ2ℓディーゼルターボ搭載でフロントがなんと人間1人分＝90kgも重くなったことになる。

エンジンをかけたままボンネットを開け、エンジン上の遮音カバーをはずしてみると、裏側はエンジン形状に沿って成形された分厚い高密度ウレタンだ。耳障りなカチカチという高周波音を首尾よく減衰していたが、ボンネットを閉じて車内に乗るとガラゴロカラコロ、アイドリング振動が固体伝播して車内に響いてなかなかうるさい。

マツダ３のディーゼルはほとんど無音だった。近年こんなディーゼルノック丸出しのディーゼル乗用車も珍しい。

試乗開始時の走行距離は５１７２㎞。

タイヤはポーランド製ＢＳ・ＴＵＲＡＮＺＡ・Ｔ００１の２２５／45‐17。規定圧前後２４０ｋPaぴったり入っていたが、据え切りから操舵力が妙に軽く手応えがない。

ＶＷグループジャパンが入居しているＪＲ品川駅近くの御殿山トラストタワーの地下駐車場から表に出るまでの斜路の登坂で、なんか妙に力がなかった。アクセル開度が自然に２〜３割から３〜４割へと大きくなる。ガラゴロうなりながら苦しげに登った。

なんかいやーな予感。

新型ＥＡ２８８型は設計を全面刷新、ＭＦｉ別冊の「ワールドエンジンデータブック」を盗み見ると「吸気ポートに切り替え式スワールフラップを設けて筒内流動化を促進して急速燃焼を図った」とある。後処理デバイスの冷間時早期活性化のために排気ポートからＥＧＲするシステムを搭載する。

本国版には可変ベーン式ターボの１８４ps／３８０Nm版も設定しているが、日本仕様は１５０ps／３４０Nmの低出力仕様である。

一般路をゴロガラ走る。

ＤＣＴだから発進からのトルク増幅なしなのは仕方ないが、アクセル開度３割くらいでは思った通りのダッシュをしてくれない。力が乏しいだけでなく踏み込みに対するレスポンスがとろい。仕方なく５～６割まで踏み増すと、うおっと唸ってキックダウンし加速する。エンジンに輪をかけてこの７速（湿式）ＤＣＴの変速制御がねむいのである。

回転上がってんだから早く掛け替えろほら、離したんだからとっととギヤあげろギヤ、なにやってんだ迷ってるんじゃねえぞボケ。

クルマとこんな対話をしながら走りたくない。

ロードノイズも相当にうるさい。舗装状態にいちいち敏感に反応して音が変わる。

ゴー、ザー、コー、ゾー。

福野　ゴルフⅦってこんなだっけ。こんなだったかな。

萬澤　いままったく同じことを考えていました。でもいくら登場から６年たって世の中進歩したといっても、６年前にこのロードノイズのクルマに乗って「ＣセグメントのＮＶ革命だ」とは絶対思わなかったと思います。これは間違いなくデビュー時より大幅劣化してます。

福野　だよねえ。ですよねえ。

声を張り上げないと前後席で会話ができない。

大井ランプから湾岸線に乗ると反対車線は大渋滞だった。明日は即位礼正殿の儀である。羽田空港に到着した各国国賓の車列が移動する度に首都高速が通行規制され、都内いたるところ大渋滞しているらしい。

だが湾岸下りの交通は順調だ。

高速に乗るとクルマに元気が宿ってきた。

市街地ではピックアップが悪かったので気がつかなかったが、巡航では1700rpm回っていればアクセル開度4〜5割から5〜6割への踏み増しでスペックに対する期待通りの力強い加速力が得られる。これでこそディーゼルターボだが、エンジンもロードノイズもうるさいのでその嬉しさも半減だ。

乗用車用ディーゼルターボが持つポテンシャルに刮目したのは2012年8月発売のBMW320dだ。ZF8HPと組み合わせて搭載した2ℓN47D型＝184ps／380Nmに乗ったあの瞬間、低回転・低アクセル開度からもりもり力が湧き上がり、神ATが以心伝心で間髪置かず掛け替え、トルクゾーンに常にエンジン回転を釘付けにする走りっぷりに唸った。

トランスミッションが超絶優れているならば、次々ギヤを変速し大トルクだけどもトルクバンドの狭いディーゼルターボを100%使いこなせるのだという事実に心酔した。

二度目に驚いたのがもちろんこの間乗ったマツダ3だ。

TDI同等の1410kg（900kg／510kg）という重い車体に積んだ1・8ℓディーゼルターボはたったの116ps／270Nm、対してギヤリングはタイヤ外径を加味したオーバーオールレシオでむしろゴルフより1速で5%、2速で6・5%ほど高い。だが自社製ATの変速制御とエンジンとの相性がドンズバ、エンジン音もN

Vも非常に低いので無音のまま加速していく走りに一種の快感があった。

パワー／トルクを絞り出さないならああいう死ぬほど静かなディーゼルも作れるということなら、これもドライバビリティに関するひとつの見識だ。

こうした乗用車ディーゼル最新傾向からすると、低速／低アクセル開度で力がなく、ピックアップが鈍く、変速制御がやたらねむく、エンジン音もNVも終始うるさいゴルフTDIには正直言って驚くようなものがなにもない。

萬澤　言いたくないけどやっぱこれはアレですかね。

福野　排ガス真面目に対策やるとクルマはこうなっちゃうと。いやまさにそういうことでしょう。

萬澤　いやー考えたくないですけど、やっぱいままでがアレだったってことですね。

福野　それをみんなして絶賛してたのかと思うと真面目にやってた日本車のエンジニアに申し訳ない気持ちになりますね。

大黒PAでUターン、帰路は後席へ。

萬澤さんが「悪くない」と言っていた後席乗り心地だが、なんだか挙動がいちいち重ったるい。路面からの入力で車体が上下するたびにイナーシャが減衰しきれずゆさゆさ揺すられる感じ。

エンジン音はフロントに比べるとかなり低いがロードノイズはむしろうるさく、しゃべっていても自分の声が聞こえづらい。

ＴＤＩの最廉価仕様のコンフォートラインは１・４ＴＳＩハイラインと同等の３２３万円、おすすめの１・２ＴＳＩトレンドライン／コンフォートラインより43〜69万円も高い。この価格では現状ゴルフⅦでＴＤＩを推す理由は、試乗時に17・２㎞／ℓを記録した経済性以外にはなにもない。

じゃあゴルフⅧだとどうなるだろう。

サイズが拡大しても車重はたぶん同等、エンジンやＤＣＴが画期的に改良される可能性はあまり期待できない。ただしエンジン音の透過やＮＶ対策に関しては大きな改善が期待できる。

次期ＴＤＩが画期的に静かなクルマになっているならパワートレーンがこのままでもドライバビリティの印象はかなり変わってくるはずだ。それがクルマというものである。

100kWモーター純ＥＶ↓ｅ-Ｇｏｌｆ（５４４・８万円）に乗る

ゴルフにはＥＶ走行可能な車種がいま（掲載当時）ふたつある。１・４ＴＳＩ用のＥＡ２１１型１・４ℓターボと６速ＤＣＴの中間に60㎜のスペーサをかませ80kW（１０９ps）の三相同期型モーターを入れてパラレル式に接続、トランク下に水冷式８・５kWhリチウムイオンバッテリーを搭載して充電可能にした２０１５年９月発売のＰＨＥＶ「ＧＴＥ」（４７７・９万円）、そして１００kW（１３６ps）／２９０Nmの出力のモーターをフロントに、35・８kWhのリチウムイオンバッテリー（リーフは62kW）をボディ床下に搭載した２０１７年７月発売の純

EV「e‐Golf」(544・8万円)だ。

両車ともGTIに類似したスポーティカー風キャラクターを内外装意匠に与えている。GTIのアクセントカラーのレッドに対しこちらはエコカラーのブルーである。

試乗したのは紺メタにブルーのラインのe‐Golfだ。

VIN:WVWZZZAUZJW911731、車検証記載重量1590kg(前軸880kg/後軸710kg)。ディーゼルに対してフロントは20kg軽いがリヤは180kg重い。

設計済み量産車のボディ構造を大きく変更せずに大容量バッテリーパックをフロアに吊り下げるため、リチウムイオンバッテリーそのものを運転席の下部と後席下部の2ヵ所に分散、制御ユニットがそれらを縦に結ぶという「土」型レイアウトを採用した。

したがってバッテリー重量も前後車軸に分散されて加わっている。

このEV化の設計を丸ごとVWから受注して行なったのは日本のエンジニアリング会社である。

タイヤはディーゼル同様ポーランド製BS・TURANZA・T001、さらにサイズを5ポイント落とした205/55‐16。ゴルフでこのサイズのタイヤを装着しているのはTSIとTDIの廉価版(コンフォートライン)だけだ。空気圧は250kPa規定のところ4輪とも270kPa入っていた。転がり抵抗を優先した設定だろうからこのまま乗ることにする。

古典的トレードマークのチェックの布地を中央部に貼った手動調整式スポーツシートの基本設計はGTI用と

同じ。ドラポジは完璧だが背中の下部と座面の下部と座面↕バックレストの継ぎ目部分の面圧がともに抜けており、座面クッションが薄く面圧が尻下に集中する。40年前のレカロみたいな古臭い設計であって、ノーマルのシートのほうがはるかにいい。スポーティ車となると脊椎反射でこういうシートを持ってくるドイツ人のアタマも昭和のままなのだろう。

無音で転がり出す。

タイヤが細くなったせいか操舵力はディーゼルほど軽くなく反力もそれなりにある。さきほど難儀した駐車場の斜面は微低速走行で音もなくぐいぐい登った。

一般路に出る。

フロアが強い。

シャシの感触がなんとも一枚岩、足でだんどんとフロアを思い切り蹴ると3㎜鋼板のような硬質な感触が返ってきた。おかげで外乱がフロア周りで減衰され車体にちっとも上がってこない。

まるであの一派そっくりである。

テスラだ。

ただし本車のフロアが頑強なのはテスラのようにバッテリーパックそのものを構造材に取り込んだ高剛性構造だからではなく、設計した日本のエンジニアの弁によれば側突時にバッテリーを保護するために車体のフロアを徹底的に強化したことによる「副産物」らしい。

先ほどに比べ車内騒音が死ぬほど低くなっててその落差にいささか戸惑った。半分叫ばないと後席に届かなかった声が今度は囁くくらいで十分。そのぶんロードノイズがやや目立つが、これでもバッテリーパックと強化フロアのおかげでかなり減衰されているのだろう。

アクセルを踏むと速度ゼロから強力にパワーが出る。

さっきのフラストレーションが吹き飛ぶ快感だ。

しかし躍進のジャークはテスラほどは馬鹿げてはいない（ジャーク＝単位時間あたりの加速度の変化率＝加加速度）。

午後になってさらに道路の混雑が激しくなってきた。

国道1号線を北上して芝公園ランプから環状線外回りに入ることにする。2号線下りならなんとか空いてるだろう。

ゲートを通ってランプのS字でステアリングを左右に切ると、地面に吸い付いたままゴーカートのようにクルマが左右にシャッシャッと動いた。

萬澤　うわ。すげえ。

強化フロアと超低重心のおかげでハンドリングもゴルフとは完全に別次元だ。

550万円・1・6トンのゴルフなんか捕まえて絶賛もしたくないのだが、ハンドリングは夢のようだ。車体が重くタイヤが細いからターンインの瞬間にはアンダーステアが出るが、フロアが強固なので横曲げ剛性が異様に高く、荷重がすぐ伝わって後輪にスリップアングルを与えるためリヤの追従性がよく、すぐに安定した旋回に入る。

後輪のレスポンスがいいと操舵感までよくなる。それがクルマだ。

重心はあきらかに自分の腰より低い感じ、操舵してもロールがほとんど生じない。ロール剛性を上げているからロールしないのではなく、重心高が低くてロールを励起するモーメントアームが短いからロールしないのだから、無理やり固めた外輪が路面に突っ張る感じもなくコーナリング中の外乱にも強く乗り心地もいい。

重いからトラクションも高い。

加速もいいが、中速域まではやや制御が介入してる感もある。１００kW出し切ったらもうちょっとパワフルなはずだ。

しかし速度が上がってもレスポンスもパワーもたれてこない。低速でフルパワーを出し切ってしまうテスラは、速度があがるにつれてどんどんパワー感が減っていく傾向があっていかにもモーターの原理原則とおりだが、こちらは低速で出力制御してる代わりに高速で落差がないので逆に伸びる感じがする。

このあたりがクルマ作りの一日の長というのか、アメリカとドイツの違いというのか。

福野　これはなんともまあ素晴らしいなあ。モーターの特性もさることながら、フロアを強化したことでハンドリング、剛性感、乗り心地、ＮＶが別次元になってる。これ５５０万円の価値もあるんじゃない？　ＶＷマニアならこれ買わんと（笑）。

萬澤　ゴルフRが579・9万円でほぼ同じ価格帯です。

福野　GTIとかゴルフRとか、あんなの買うのは簡単なんですよ。目立つし、パワーあるし、タイヤ太いし、下取り高いし、煩悩満載・ご褒美満点なんだから。こちらはかっこは地味だしタイヤ細いし排気音しないし、外観上なんもいいことない。この550万円は敷居高い。だけどこういうクルマこそ真のVWですよ。

萬澤　kdfってまさにこういうクルマですもんね。

福野　まさにこれぞ現代のカーデーエフ。ポルシェ博士は空冷の信奉者でもなければRRの信奉者でもないが（そんなの真っ赤なウソ）、トラクションの権化、モーター駆動の信者だったことは間違いない。VWが全車FFになっちまったことには「おまえらアホか」と怒るだろうけど、きっとe‐Golfは絶賛するよ。e‐Golfは真のVWファンとエセファンを分ける踏み絵だな（笑）。

EV化するVWの未来はひょっとして期待できるかも。すくなくともディーゼルより100倍いい。

ただしここでの絶賛要因に関するモーターの存在寄与率は3分の1、残り3分の2は重くて高くて無駄なバッテリーパックを床下に搭載したことによる副次的効果だ。

軽くて安くて高効率なバッテリーの登場がEV普及の決め手だが、その日が来たらこの走り味の3分の2はなくなるだろう。なんとも皮肉な話である。

ゴルフ買うならリヤTBAの1・2TSI、しかしテスラモデル3納車までの繋ぎにいますぐ欲しいならe‐Golfかも。

STORY : 04

リヤ席はいい
乗るならリヤである

☑ Mercedes-Benz **GLE / S Coupe** | メルセデス・ベンツ GLE / Sクーペ

メルセデス・ベンツ GLE / Sクーペ
□https://motor-fan.jp/article/10016360

2019年11月29日

[S 560 4MATIC Coupe]　個体 VIN：WDD2173861A035665
車検証記載車重：2150kg（前軸1180kg/後軸970kg）　試乗車装着タイヤ：ピレリ P ZERO 前245/40-20 後275/35-20

試乗コース　東品川のメルセデス・ベンツ日本が拠点。首都高速道路湾岸線・大井南ICから入線、大黒PAを経由し、神奈川5号線、神奈川7号線を走行、新横浜ICで降線。Uターンして同じ道を走行、湾岸線・大井南ICで降線し、拠点へ戻った。

11月下旬に2台のベンツに試乗する機会があった。

ＧＬＥは試乗することをあらかじめ想定していなかったので写真も撮影していなければ車内各部の寸法も測っていない。萬澤助手も不在だったから「参考」として読んでいただきたい。

ＧＬＥ４００d ４マチック

２０１９年11月16日（土）朝4時半、東日本高速道路・日比谷駐車場前の路上でＧＬＥの運転席に這い上がった。

巨大なクルマだ。まだ周囲は真っ暗だからインプレもなにもなく、感じるのは車体のマスとがっちりしたドアとたっぷり大ぶりなシートの剛性感だけである。ドアを閉めるとずんと重々しい音がした。

試乗車は２０１９年6月に国内投入したフルチェン版ＧＬＥ（Ｗ１６７）の３ℓ直6ディーゼルターボ＋9速ＡＴ搭載車「ＧＬＥ４００d ４マチックスポーツ」。ＧＬＥのラインアップは本国も含めすべて縦置きエンジン＋トランスファ付きフルタイム４ＷＤである。日本仕様は全部右ハンドル仕様、価格は10％の消費税を含んで１１０９万円。

車台番号WDC1671232A019272、車検証記載重量はなんと２４２０kg（前軸１３００kg／後軸１１２０kg）、タイヤはミシュランLATITUDE SPORT3の前後２７５／50-20。指定圧冷間２７０kPaのところ温まって２８

０ｋPaだったのでこのまま乗ることにした。

エンジンを始動するとほとんど無振動のままずろんとかかる。非常に静かなアイドルで安定する。サイドウインドウを閉めて車内にいるとエンジンがかかっていることにすら気がつかないほどだ。ゴルフのＴＤＩのエンジン騒音の透過っぷりには失望したが、こちらは別次元である。

ドアマウント式のシートアジャストスイッチが例によって非常に使いにくいので、手探りでドラポジを合わせるのに通常の3倍の時間がかかる。特にスライドとシートハイトとシート前端の当たり調整を兼用している座面型スイッチ、これがどうにもいうことをきかない。

高速道路でウインカーと間違えて操作すると変速機がニュートラルに入ってしまうコラム式ＡＴセレクターも含め人間工学的配慮ゼロ。

ようするにこれがいまのベンツ全車の世界共用装備だから、とくにアメリカ人のせいというわけではない。ＧＬＥはアメリカ南部アラバマ州タスカルーサ市郊外のバンスという人口１６００人の小さな村に建設されたベンツの工場で生産されてきたＭクラスの後継車だ。

ベンツのＳＵＶのネーミングの三番目のアルファベットはセダンのＣ、Ｅ、Ｓに相当するからＧＬＥは「ＳＵＶのＥクラス」である。

ＢＭＷからクレームをつけられて「Ｍ」という車名を「ＭＬ」に改めた１９９７年の初代Ｗ１６３から数えてこのモデルは通算４代目。登場以来５００万台以上を生産し、本国アメリカでも70万台以上を売っている。

ゆっくり走り出すとパーキングスピードから20㎞／hくらいまでの微低速で、リム上の1センチ程度の微操舵に対して車体がロール方向にゆらゆら揺れるという、ベンツのエアサス車ではお馴染みの現象が起きた。ステアリングホイールが大径で握りが太いから操舵トルクが出やすいが、それに対してEPSのアシスト量が大きめでハンドルが軽く感じるから、なおさらふらふら揺れやすい。

いつもの通り速度が乗るとなにごともなかったようにずっしり安定する。

霞ヶ関ランプから首都高速環状線外回りに上がった。踏み込んで加速するとエンジンは実になめらかだ。1300rpmあたりからふーんと力が湧き上がって重い巨体を平然とぐいぐい駆動する。

首都高速環状線の荒れてうねった路面では「コンフォート」に設定したサスはややソフト、路面変化によって姿勢をやや煽られる。

ボディの剛性感は悪くなく、上屋まわりはとくにしっかりして感じるが、目地などを通過したときのどすんというショックはシャシからボディへと伝わってどろろんどららんとフロアを響かせる。

ボディ剛性は高いが共振周波数が低いのは、ようするにボディがくそ重いからだ。机の上に置いたコイルばね（＝ボディ剛性）の上に乗せる重りの重量（＝車重）を増せば、ばねは相対的にソフトになる。それと同じ理屈である。

首都高では操舵に対する挙動もやや神経質だ。感覚的な重心高は高めに陣取った乗員のヘソより明らかに上にある感じで、操舵に対してふらっふらっとよろつくような挙動が生じる。車線をはみ出ると気まぐれに車線逸脱制御が介入して強制的に操舵を押し戻す。ドライブの楽しさといったような感覚とはいささかほど遠く、未明の首都高3人乗りの運転操作はけっこう必死である。

ダイムラー製ATの常で変速制御はねむい。

加速時のアップシフトだけは積極的に素早く行うが、アクセルオフ時のダウンシフト、そこからの再踏み込み、さらに抜いてさらに踏み込みといったアクセルワークに対してはほぼ機能停止してしまう。BMWとはまったく逆にその欠点を隠しているのがエンジンのトルクとレスポンス、パワーバンドの広さだ。

箱崎JCT→堀切JCT→三郷JCT経由で常磐自動車道へ乗る。

アクセルを少し踏み込んで加速。

2・4トンが100㎞／hで突進するエネルギー感は凄まじい。

OM656とは、電動コンプレッサーターボやISG付き48Vハイブリッドなどで話題になったガソリン版M256のモジュラーユニットで、シリンダーに鉄溶射をしたアルミブロックに鉄ピストンという組み合わせで高負荷でのフリクションを低減、ディーゼルとしては初の可変バルブリフト機構を装着して低温燃焼を実現したらしい（MFi別冊「World Engine Databook」の受け売り）。

オールニューのモジュラーエンジンにもかかわらず滑らかで気持ちのいいビートを発して回るこのディーゼルユニットは、V6と区別がつかないようなBMWのB型直6ガソリンと違って、古典的な直6エンジンの魅力をどこか備えている。縦置き直6の復活とは、ようするに衝突安全設計への世界的な恫喝によって「ロングノーズの異形」に変形したパッケージが生んだ副産物という見方もできるだろうが、こうしてまっすぐ走ってる分には長くて重いハナの欠点もほとんど目立たない。なんせ前輪荷重1・3トンだ（笑）。

夜が明けてきてコクピットの中の様子が見えてくると、ブラックで統一した意匠と質感が重厚。ビーエムの真似をしたりアウディに引きずられたりして右往左往したベンツのインパネも、この5年でようやく自分の生きる道を見出した感がある。

面白いものでこの重々しいインパネや太いピラーが視界に入ってくると、走り出したときより走行安定感が増したような気がする。

目的地のいわき市まで210㎞／3時間、若干腰が痛くなった以外はなかなか快適なドライブだった。

高く座ってエルフのように視界が遠く広く直進安定性がよく、加速がかなり気持ちよく、乗り心地は目地のショックとその減衰の悪さを除けばソフトでスムーズ、エンジン音とロードノイズはガソリン高級車レベル、車内会話音声の通りもよく、燃費はメーター表示の瞬間燃費で14・3㎞／ℓ、これで1100万円ならまず申し分がない。

しかし自重2・4トンでトルク700№、こういうクルマで人類は本当にいいのか。

萬ちゃんと「りっくんランド」で見てその機能美にしびれた陸上自衛隊の軽装甲機動車LAV（コマツが作って1937両配備）は、全長4・4m×全幅2・04m×全高1・85mとGLEとほとんど似たようなボディサイズの装甲車で、弾頭重量8g、初速720m／s、銃口エネルギー2073JのA㎞用7・62×39㎜弾に対する防弾性能を備えているにもかかわらず重量4・5tだ。

「戦車並み」は大げさとしてもGLEがもはや「装甲車的な重量」であることは否定できない。

ちなみに陸自の軽装甲機動車のエンジンはいすゞのディーゼル、いすゞ広報部の工藤さんに尋ねてみたところエルフ、フォワード、エルガミオ／エルガ（バス）に積んできた5・2ℓ直4ターボディーゼル4HK1‐T型が2000年ごろの平成10年規制スペックのまま生産ラスト（2015年）まで納入されていたらしい。

S560 4マチック クーペ

GLEに乗ったらなんとなくSクーペ（C217）にも乗ってみたくなった。

1970年代ころまでの高級車の花形といえば日本でもアメリカでも圧倒的に2ドアクーペ、いまなら差別的表現と言われそうだが、あのころは4ドアセダンなんて「おっさんか医者が乗るクルマ」だった。ベンツもW114の時代の「SLC（C107／'71〜）」こそが憧れの対象で、そこらの草チューナーだったAMGが最初にコンプリートカーとして販売したのもSLC5・0がベースだ。

現代のSクーペはSクラスのバリエーションの中に組み込まれて単に「Sクーペ」という名前しか与えられていない。屋根を切ったモデルもあってこちらもあっさり「Sカブリオレ」。もちろん2座のSLは別に存在するし、SLCとSLSはまた別の車種、おそらくメーカーにもなにがなんだか訳わからなくなってきて「全部まとめてSクラス」ということにしたのだろう。まあ賢明な気もするが。

全長5030㎜、全高1420㎜、ホイルベース2945㎜だから、Sセダンのショートより全長で125㎜、ホイルベースで90㎜しか短くなっていないという大柄な車体なのだが、地下駐車場から現れたガンメタリックの試乗車はふた回りも小柄に見えた。

豊かにうねるなんともリッチなスタイリングのボディにチョップドトップのようにぺったんこのキャビンがへばりついて、2ドアクーペというより幌を閉じたスパイダーみたいなシルエットである。キャビンのタンブルの絞り込みもかなり激しい。

今日は営業用のデモカーをわざわざ試乗用に手配していただいた。

車台番号WDD2173861A035665、車検証記載重量2150kg（前軸1180kg／後軸970kg）。これまたにわかに信じがたいくらい重い。タイヤはピレリPゼロの245／40-20、275／35-20、240kPa指定のところ250kPaである。

ドアを開けるとSセダンそのもの。大型LCDを2枚使ったインパネデザインもまったく同じ、ボンネットの高さもフロアの位置もシートのセッティングも基本的には同じはずだ。

したがって最初に問題となるのは適正ドラポジをとると（物理的にはとれる）天井が低すぎることである（天井は開閉しないガラスルーフ）。

前方からもサイドからも屋根が頭上に迫って、とくにサイドは髪の毛が触れる。

10㎜ほどシートハイトを下げバックレストを倒し、アホみたいなドラポジを取れば頭上はすっきりするが、今度はSクラスのままのインパネが（とくにまっすぐ突き出したメーターのひさしが）視界下部を遮ってうっとおしい。

ここまで外装を贅沢に作りこんだのだからインパネのひさしのデザインくらい変更して欲しかったが、188０万円の高級車でもコスト節減は深刻な問題なのである。ただしD型ステアリングはクーペ専用らしく、幅365㎜、高さ355㎜と小径、楕円断面をしたグリップも異様に太い。GLEとは反対でステアリングが小径で操舵トルクが出ないため操舵力は軽くなり過ぎていない。ただし手応えは典型的なEPSで反力感に乏しい。

たっぷりとしたサイズのシート座面はSクラスの最大の魅力のひとつだ。座面を広くできることがシートスイッチをドアマウントする唯一の意味なのだから、こうでなくてはいけない。サイズだけでなくしなやかな本革（83万円のオプションパッケージ装備）の下に一層ワディングが入っていて、低反発マットレスのように上手に面圧が分散されている。高級な座り心地だ。

エンジンはM176型4ℓ90°V8。

2基のターボはVバンク内、吸排気VVTとともに可変リフト機構もそなえ気筒休止する。469ps／700Nmの怪力だ。

非常に静かなパワートレーンで低中速では存在感すらないが、1500rpm以上の回転域でアクセルを60%以上踏み込むとなめらかで強力なダッシュが始まる。これまた2・2トン車とは思えない突進だ。

9速ATはこちらもダウンシフト制御がとろいが、ここまでパワーがあってトルクバンドが広いと変速機なんかなんだろうがまったく気にならない。どの速度域からでもアクセルを踏めば猛然と突進するのだから3速ATだって十分だ。

大井南入口から湾岸線に乗る。

ロードノイズは低く、Pゼロの極太20インチの割に路面のあたりも丸くいなしているが、目地の通過のショックがたこーんぼこーんと響いてボディが共振している。

荒れた路面を通ったら、だこばこぼこばことい きなりのショックが入ってきてちょっと驚いた。音もショックも急変した感じだ。

高速巡航に入ってもなぜか期待ほどどっしりした重量感や直進感が感じられない。

モードを切り替えても操舵力が重くなってロール剛性が上がるだけで印象は同じだ。

「期待ほど」というのはベンツというブランドのイメージに対してというより、もっと直接的にSセダンとの比較だ。2018年3月に本企画で乗ったS560ロングの4マチックの高速巡航感は夢のようによかった。前記の通りクーペのホイルベースは2945㎜もあってショートに対して6・5%、ロングに対して9・5%しか短くなっていないから基本的資質が大きく変わっているとはいえない。アライメント、サス、タイヤ、EPS、その辺りの微妙な味付けの差か。

もうひとつ意外なのがボディの剛性感。

蓋ものがすくなく開口部が小さい2ドアノッチクーペは剛性にはもっとも有利なボディ形式だ。厳密にはこのクルマはBピラーレスの2ドアハードトップ（死語）だが、AからCにアーチ状に橋架けした太いピラーはかなり頑丈そうに見える。

しかし入力が入ったときの減衰感は鮮やかというほどでもなく、どろんとした共振を残し、ソリッドな感じがない。前後に285／30－19、335／25－20のパイロットスポーツを履いたコルベット・グランスポーツの方がはるかに剛性感は高かった（しかもあちらはデタッチャブルトップ）。

大黒PAで運転を萬澤さんに交代、リヤに乗ってみる。

前席バックレストを倒して乗り込んで座るとあまりのルーミーさに驚いた。

低い天井に合わせて座面のクッションを薄くしヒップポイントをどーんと落としたもののヘッドルームはぎりぎり（座面↕天井実測900㎜）、内角20度の直角三角形のようなサイドウインドウも大きく斜めに側方視界を遮っているのだが、さすがにこの小さな面積のクオーターウインドウだけをプライバシーガラスにする気にはなれなかったらしく、日本仕様ベンツにしては稀有なことにすべてのウインドウが普通のシースルーウインドウだ。

しかも頭上は巨大なガラスルーフ。後席は陽のあたるテラスに座っているように快適だ。

ホイルベースが3m近くあるだけあって足元も広い。左右セパレート式になっているシート座面も前席並みのサイズ（実測横幅560㎜、奥行き510㎜）。間違いなく日本で販売しているすべてのベンツの中でもっとも明るく快適な後席である。

走り出したら乗り心地も良かった。

リヤではボディの剛性感は高く、ショックがはいったときにフロントのように響かない。しゃきっと減衰してフロアも強い。頑強なタガの中にいるような感じだ。

我々の間では「エンジニアリング的には特段意識してなかったのに、かっこよさを狙ったデザインのせいで勝手にボディ剛性が上がってしまい、乗り心地も操縦性も予期せずよくなってしまうこと」を「シトロエンＤＳ３効果」と呼んでいるが（笑）、後席に関してはそれが当てはまる感じだ。

静かで会話の通りもよく、パワートレーンも静か。回転が上がるとフロア下からマセラッティみたいな下品な排気音が響くのが興ざめだが、それを除けばこのリヤ席は気に入った。Ｓクーペ乗るならリヤである。

「Ｓクラスのあの素晴らしさに対する期待感からするとちょっとがっかりしましたが、ＢＭＷの８シリーズよりは好きです。８シリーズはくそ重い（＝１９９０kg１０８０kg／９１０kg）くせにやたら動きがクイック（＝４ＷＳ）で、無理やりスポーツカー的に味つけているところが嫌味に感じたんですが、こちらは王道のグランドツーリングカーという感じがします（萬澤）」

２トン車に２台に乗って、重いクルマは疲れると思った。

７割は気疲れである。

運動エネルギーは$1/2mv^2$（ｍ＝質量、ｖ＝速度）だ。いくら「新東名の最高速度が一部１２０㎞／ｈになった」「速度が上がるほどベンツは快適になる」とはいっても、２人乗り２・５トンのクルマで１４０㎞／ｈ出したら運動エネルギーは２４５０万ジュール（Ｊ）に達する。

１９３９年にラインメタルが開発し第２次世界大戦でナチドイツが使用して連合軍戦車を悩ませたＰａｋ40と７・５cm対戦車砲のＨＶＡＰ高速度アーマピアシングの運動エネルギーが弾頭重量４・１kg、砲口初速３３５９km／hで２３１３万Ｊだから、高速道路をぶっ飛ばす2トン車に乗っているというのは敵戦車に向かって飛ぶ対戦車砲弾にしがみついているのとあんまり変わりない。それをリアルに実感として思い描ける人間にとってアクセルはあまりに重い。重くて踏めない。これを床まで踏み抜けるのはようするに馬鹿だけだろう。

STORY : 05

自然に昔の思い出話になった

☑ DS 3 CROSSBACK / Citroen C3 AIRCROSS SUV

DS3クロスバック/シトロエンC3エアクロスSUV

DS3クロスバック/シトロエンC3エアクロスSUV
□https://motor-fan.jp/article/10016361

2019年12月25日

[DS 3 CROSSBACK Grand Chic]　個体VIN：VR1URHNSSKW070486
車検証記載車重：1280kg（前軸790kg/後軸490kg）　**試乗車装着タイヤ**：ミシュラン PRIMACY 4　215/55-18

[C3 AIRCROSS SUV SHINE]　個体VIN：VF72RHNPXK4384650
車検証記載車重：1310kg（前軸810kg/後軸500kg）　**試乗車装着タイヤ**：ハンコック KINERGY 4s 215/50-17

試乗コース　目黒のプジョー・シトロエン・ジャポンが拠点。1台目は目黒通りを南下、第三京浜道路を玉川ICから入線、首都高速道路神奈川7号線を走行し、大黒PAへ。復路も同じ道を走行して拠点へ戻った。2台目は目黒通り～第三京浜道路を走行し、港北ICで降線。同じ道を走行して拠点へ戻った。

前章で「エンジニアリング的には特段意識してなかったのにかっこよさを狙ったデザインのせいで勝手にボディ剛性が上がってしまって乗り心地も操縦性も意図せずよくなってしまうことをシトロエンDS3効果と呼んでいる」なーんて書いたら、かつて雑誌「Begin」で「PieceMaker」というブツ物追求連載を毎号一緒に作ってたのになぜかPSAのPRマネージャーになってしまったという森亨さんから「そんなこと言うならぜひDS3クロスバックに乗ってみてください」と人づて（萬澤づて）に頼まれた。

DS7に続くDSブランド2発目の専売車DS3クロスバックは、PSAと中国Dongfengの共同で開発し次期プジョー208やオペル・コルサにも使うことになっているオールニューのEMP1プラットフォーム、別名CMPの第1弾だ。

期待は大である。

DS3クロスバックを見る

試乗車はDS3クロスバックの最上級グレード「グランシック」の個体VIN：VR1URHNSSKW070486、価格はなんと411・5万円もする。

リヤドアあたりの意匠に3ドアのDS3の面影を残しているものの、外観全体はDSブランドが売り物にしているドラゴンテイストというのかなんちゅうのか、とりわけフロントグリル周りはレクサスの向こうを張るエグさである。

使いにくくて手が痛い格納式ドアハンドルを引っ張ってドアを開けると、インパネ周りも物凄かった。ダッシュボード全面にブロンズ色の本物のドラゴンの皮が貼られ（ウソ）、ＤＳのロゴを拡大解釈した例の矩形グラフィックを並べた化粧パネル、オーバーデザインなスイッチがギラギラ並んで言語を絶する光景だ。エンジンスタートボタンに至っては人民解放軍の核ミサイル発射ボタンもかくやという意匠である。

ＰＳＡは１９９０年代から中国大陸に進出し湖北省武漢市の東風汽車との合弁でシトロエンとプジョーを生産、現在武漢周辺には5カ所もの生産工場がある。また深圳の長安汽車グループとの間にも２０１１年に合弁を設立しＤＳライン各車を生産している。長安にはエンジン工場とともにＲ＆Ｄセンターがあって現地開発を行っているらしい。

ＤＳ３クロスバックの開発・デザインが長安なのかどうかはわからないが、日本仕様はとりあえず２０８とＤＳ３を生産してきたポワシー工場（パリ近郊）製だ。

座ってみるとこれが案外まともである。

座面の幅はやや狭め（実測４８５㎜）だが長さはＳクラスなみ（＝５２０㎜）、硬くない本革の裏にワディングを貼ってキルティングしてるのでいきなりのあたりがやわらかく、硬めのウレタンもストロークを充分取ってある。

ハイト調整はレバー式で昇降21段、下降25段。18段目まであげるとアップライトでいいポジションにすっぽり決まった。ステアリング位置もメーター視野もこれでぴたり。

座面↕天井は頭上位置で930〜1025㎜と広いのに加え、ミニのようにフロントガラスが直立して遠いかられヘッドルーム前方部が広く、サイドガラス倒れこみも片側実測145㎜（ガラス上下位置の差）と高さのわりに少ないためヘッドルーム側頭部にも余裕がある。

D型ステアリング径は幅355㎜に対し高さ340㎜となんとか許容範囲。

ドラポジや操作性の基本はプジョーのi‐Cockpitに比べれば100光年くらいまともだ。

日本仕様のエンジンは傑作3気筒EB2型1・2ℓターボの強力130ps版。

エンジンルームを開けてみると最近珍しい前方排気+ターボで縦型インタークーラー。慣性主軸にあるマウントはボディ側のハウジングが振動減衰効果のありそうなごっつい樹脂製だ。エンジン上部の防音カバーは樹脂製の枠の内側にシンサレートのような微細繊維の成形材をはめ込んだエアスルー式で、陽に透ける薄さなのにインジェクターノイズの高周波をうまく遮断できていた。うーむ。

ついでに覗いてびっくりたまげたのがフロントサス。

ロワーは1㎜以下くらいの鋼板をプレスして上下貼り合わせ線溶接したモナカ構造で、軽量で強そうだ。表面は溶融亜鉛めっきのまま。これをマウントしているフロントのサブフレームはなんとアルミ押し出し材を溶接して組んだ頑強な構造で、ロワーアームのフロント部は直にホリゾンタルマウント、アーム後端はアルミ圧延材プレス成形のコの字型ブラケットを張り出してそこにバーチカルマウントしている。

これでBセグのアシか。

自分が目で見ているものが信じ難く、目黒の碑文谷のイオンスタイル裏手のタイムズの広い駐車場に萬澤助手と二人で寝転びながらさめざめ感動した。

こんなカネのかかったクルマはPSAでは1世紀ぶりだろう（ウソ）。

これは期待していいのか？　いいのか？

DS3クロスバックに乗る

車検証記載重量1280kg（前軸790kg／後軸490kg）と案外重くない。昔の世界を知らない萬ちゃんは「ひょえ〜軽い〜」と感動だ。タイヤはミシュランの新鋭プライマシー4の215／55-18、前後220kPa指定のところ230kPaづつ入っていたのでこのままいく。

アイドル中は車外も静かだったが、車内に入ってドアを閉めサイドガラスを閉じるとほぼ無音。空気伝播も低いが固体伝播もうまく遮断している。

ゆっくりスタートすると操舵力の軽いステアリングは中心から3cmくらいがだるだるでどっち切ってるかさっぱりわからない。切るといかにも重心高が高いようにぐらっよろっと横揺れする。

ゴムをねじってるようなこの操舵感覚も車体ぐらよれも、たぶんこのタイヤのせいだろう。

いったん転がりだすとぐにゃ感はいきなり薄れ、転がり抵抗感が低くロードノイズがほぼゼロ、縦ばねがソフトであたりがまろやかになって乗り味なかなかよかった。前作プライマシー3はトレッドがぐにゃぐにゃでハンドリングはまるでダメなのにコンストラクションがやたら硬く乗り心地もダメというまさしくゴミタイヤだったが、乗り心地に関しては「4」になってかなり改良されたようだ。

なんかこうこのクルマには自分とエンジンとエンジンコンパートメントが一塊のマスになった一体感がある。

フロント周りが実にいい。

前輪のダンパーもよく動いてフラットだ。

アルミ押し出しサブフレーム、確かに効いてるな。効いてるぞ。

アクセルを3〜4割くらい踏み込むとふーんという感じで強力にダッシュした。

踏んでからのトルクの立ち上がりが非常に早い。ターボの仕様と制御の両方うまい。さらにペダルの踏力の頃合いがちょうどよく、加速ダッシュにともなうエンジン音の高まりがほとんどないので、なおさらレスポンスのよさが強調されて感じる。

EB2型3気筒は、プジョー308で登場したときにそのレスポンスの良さと静かさに驚愕したが、その後この連載で再度乗ったときはなんだか人が変わったように普通になっていて裏切られた。今回のエンジンは最初の308のときと同じ印象だ。

いまどき「広報チューン」もないだろうからこの試乗印象を100%信じることにするが、ターボは小細工が簡単なことも確かである。

このエンジンに組み合わせているのがなんとアイシン8速ATだ。

3気筒1・2ℓターボに8速ATとはなんやら朝からステーキを出された気分、PSAはどっか具合でも悪いのか。

制御もなかなか絶妙だ。

基本的にはZF8HPとは違って繁盛には変速せず「ノーマル」モードでもやや各速ホールド気味にしてエンジン回転を上げるのでなんのための8速よという感じだが、架け替えないからエンジンの加速の良さがダイレクトに体感できることも確かだ。おそらく燃費に自信があるのだろう。

大事なのは各速で回転が速度に対して上げ気味になってもエンジンそのものが静かだからストレスはゼロだということだ。静かは百難かくすのである。

長らくこのクラスのパワートレーンはVWのEA211＝4気筒1・2TSI＋DCTの独擅場だったが、加速もドライバビリティもNVもこっちのほうが上。日本車はいまだにCVTなんかと格闘してるのだから嫌になる。だってアイシン8速って日本製のATっスよ。泣きたくもなるでしょっての。

目黒通りから環八に出て第3京浜国道（自動車専用道）へ。

古くて荒れた路面がNVのテストにもってこいだ。

高速巡航でもエンジンは静かでロードノイズも低い。

操舵するとフロントのロール速度とロール角が適度で、最近のポロみたくやたら突っ張るわけでもSUV的にぐらり寄れるわけでもなく丁度いい感じだ。フロント周りの剛性が高いのが高速では一層強調されて感じる。いやいやいやいや、どうなってんだこれ。

パワートレーンは高速巡航でも極上。

8速ATはレシオカバレッジ7・54、タイヤ外径を加味したギヤリングではC3の6速に対し123速はほぼ同じ、6速版の3速〜5速をステップ比1・2〜1・3で3〜6の4段に刻みつつ上に8速を追加したという設定だ。

8速は1000rpmあたり57・9km／hのハイギヤで、80km／h巡航ではハンドセレクトしないと8速には入らない（120km／h巡航時計算値＝2100rpm）。高速でもキックダウンさせると低ギヤをホールドするダウンヒルモードになってしまうが、やっぱりエンジンが静かだから気にならない。

「スポーツ」モードにしてみるといきなり排気が切り替わった。ばおおお〜っと不躾な音がフロアにこもり、ATがキックダウンして音も走りも下品まるだし、いわゆるひとつの「イディオットスイッチ」だ。

まともな人間なら二度とこのスイッチには手をふれないだろうから、スポーツモードをもう思い切りアホにしとくというのもアホ販売対策としてこれでひとつの正しい設定のあり方かもである。

NVに関してはやや路面感度が高く、段差や凹凸によって音もショックも途中からやや急変する傾向があった。

まったく感覚的にいうと、フロントサスの局部剛性が高いからダンパーが素直にストロークして減衰力を発生し車体をフラットにしているが、ダンパーのストローク速度を超えるような大入力が入ってボディに伝わるとフロア中心にボディが響いてしまうという、そういう感じ。しかしPF2時代とはレベルが違う。

直進性は問題ないが、微舵をあててみると操舵の中立がなんかいやにわざとらしく重ったるい。車線逸脱制御もついてるがそのアシストとは関係ない。速度感応でアシスト量を減らしているだけでなくEPSの不感帯からのアシスト立ち上がりのタイミングをわざと遅らせているような感じだ。

そういえばその昔「機械式パワーセンタリング」なんて奇怪な仕掛けがあったっけ。

「ははははは、SMのハートカムですか」

「おれ持ってたんだよ77年型。あと76のGSパラスもいいクルマだったなあ」

「SMはメラクのセカンドカーで、GSは911SCのセカンドカーでしたっけ」

「メラクとはエンジン兄弟、GSは911がバックで走ってると思えば義兄弟。ははは」

シトロエンに乗って昔のシトロエンを思い出すなんてこの20年間一度もなかった。昔のシトロエンといまのシトロエンははっきり言ってコーヒーカップと野球のバットくらい違う。GSやSM、ましてやDSのレガシーなど、いまのシトロエンには毛ほども感じない。

だが今回は自然に昔の想い出話になった。

「昔のシトロエン・ファンがこのクルマに乗ったらちょっと感激するかもなあ」

大黒PAで早めし食って後席へ。

全高が1550㎜あるので後席はBセグとしてはなかなか広い。前後に座ったとき膝には20㎝のクリアランス、座面↕天井は実測925㎜あって余裕だが、ヒップポイントをあげて前方見晴らし性を確保したうえでのこの数値だからなかなか立派である。デザイナーの専横から人間性を死守した成果だ。

ただしDS3との関連を強調したリヤドア形状は、乗ってみるとやっぱ視界を大きく遮って邪魔くさい。真っ黒の下品ガラスは途中までしか開かない。まったく開かないよりははるかにマシだが（↓DS4）。

このクルマのもっともくだらない仕掛けは格納式ドアハンドルだ。ワンプッシュで張り出し、しばらくたつとゴトンと大きな音をたてて収納する。路面に寝ていた猫でも轢いちまったかと（↓なぜか昔から夢でくりかえし見る私のトラウマ）その度にぎくっとした。リヤでもその音が大きく響く。

後席乗り心地は普通。ロードノイズは低いがフロアはやや弱い。テールゲートとリヤクオーター周りがスースーする（＝音）。目地を踏むとトターンドターンと響いて急変傾向がさらに強い。じりじりする振動が絶えずフロアから入ってくる。

しかしまあBセグはこんなもんである。パワートレーンの騒音がほとんど聞こえないのは素晴らしい。

「パワートレーン本当にいいですねえ。見事です。3気筒とは思えません」

前席では萬澤さんが絶賛中。

「フロントのアシがとてもいいです。応答性がいいしロールが適度に抑えてあるのですごく運転しやすいです。いやなところがまったくないクルマですね。400万円超えはちと高いですが、それだけ払う価値あるかもです」

C3エアクロスに乗る

C3エアクロスもBセグ・クロスオーバー車。日本仕様は同じEB2型3気筒1・2ℓターボの110ps版を搭載する。DS3クロスバック＝全高1550㎜に対してC3エアクロスの全高は1630㎜あり、一方ホイルベースと全長もC3エアクロスがそれぞれ40㎜と45㎜長い。全幅だけが25㎜狭いというパッケージだ（いずれも日本仕様届出値）。

試乗車の「シャイン」は279・1万円、DS3クロスバックよりざっと130万円安い。

最初にやったのは、ふたりしてフロントサスを覗くこと。思った通り華奢な鋼板プレス製サブフレームに下方開断面鋼板プレス製Lアームというお馴染みのあの光景に逆戻りしていた。C3エアクロスは兄弟車のC3同様1998年のプジョー206以来20年間も使い回されてきたPF1プラットフォームなのである。

個体：VF72RHNPXK4384650、車検証記載重量は１３１０kg（前軸８１０kg／後軸５００kg）。なぜか２１５／50‐17サイズのハンコックＫｉｎｅｒｇｙというマッド&スノーを履いている。

21世紀の東京に住んでいてたまにしかクルマに乗らないのに、冬になると必ずマッド&スノーに履き替えるというのは到底理解し難い習慣だが、70年代でアタマが止まったままな方はまだ多いらしく、タイヤ店はどこもお得意さんから預かった「夏用」タイヤ＋ホイールが山積みだ。

ＶＷポロに代わる現代の傑作Ｂセグ車＝Ｃ３と、ユニークなスタイリングの評価が高かったＣ４カクタスを足して二で割ったようなＣ３エアクロスのルックスはシンプルで愛嬌があり、あちこちにオシャレなアクセントも効いていて趣味好ましい。ペットのような愛嬌のよさもミニから奪い取った感じだ。

インテリアは爽やかな暖色系モノトーンのファブリック、大面積のガラスサンルーフから陽光が差し込み、明るいったらない。

天井が高く前席後部のフロア↕天井ガラス面で１２６０㎜もある。

後席に座ってみると黒の入ってない明るいサイドガラスは下まで完全に降りるし、リクライニング機構付き後席の座り心地もいい。

これで２８０万円ならＣ３を買いに来てこちらに即決する方も多いだろう。

しかしＰＳＡに一目惚れは鬼門である。ＰＳＡとスバルくらい乗ってみないとわからんクルマはない。

原稿のこの残り分量の少なさからしてだいたいおわかりだと思うが、乗ってみるとＣ３エアクロス、悪くはないがよくもなく、全般に古臭く、20年前のBセグに乗っているようなクルマだった。

フロアが弱く、常にぶるぶるびりびりと路面からの入力に共振しており震え、大入力ではどしゃっという異音がボディから出て、どらららんどろろんとおつりもくる。

マッド&スノーなんか履いてるからなおさら入力が荒くなって印象が悪化しているはずだが、もちろん我々のせいじゃない。

同じPF1母体のC3は、クソでき悪い6代目＝AW型ポロの存在感がかすむくらい入魂の仕上がりで、本連載でも絶賛した。

これはどういうことなのか。

C3の車重は1180kg（760kg／420kg）、こちらは前記のとおり1310kg（どちらも車検証）。「力＝質量×加速度」だから同じ速度ならボディが重ければ入力自体が大きくなり、車体の剛性と取り付け部の局部剛性が同じなら相対的に弱くなる（共振周波数が低くなる）。

さらにPF1の板金サブフレームはこの車重に対しては弱々しく、結果しっとりがっしりしていたDS3クロスバックのステア感覚とははっきり30年分の差がある。

ようするにこの古いプラットフォームでなんとか傑作車が作れるのは1200kgくらいまでということなのだろう。

パワートレーンはいい。こちらは110psバージョンに6速ATの組み合わせ、エンジン音は明らかにさっきより透過してくるが、この車重でも加速には過不足ない。本当によく出来たエンジンだ。

ＤＳ３クロスバックも2段跳び連続シフトアップとかやって市街地では8速を6速のように変速して使っていたから、高速に乗らなければ6速のデメリットはほとんどない。

一応高速にもリヤ席にも乗ってみたが、印象は同じ。ばりばりどたばた・どらんばこん。

私のオススメは間違いなく20万円安くて１３０kg軽いＣ３＝シャイン２５０万円である。

今回はしかしドラゴンの出来の良さに驚いた。あの内外装はどうかと思うが、むかしのＧＳやＳＭも派手な内外装が嫌いでいやいや買って乗ってみたら、実は基本が真っ当ですごくいいクルマで、デザインもブランドも乗るうちに大好きになった。クルマとはそういうものだ。ブランドとカッコに惚れて買って、私に乗り味の悪さを指摘されると湯気たてて怒るなんて、話がまったく逆である。

STORY : 06

その気になれば
あんなアウディ、一瞬で追いつけますね

☑ TESLA **MODEL 3** | テスラ・モデル3

Dテスラ・モデル3
□https://motor-fan.jp/article/10016377

2020年1月16日

[MODEL 3 PERFORMANCE]　個体VIN：5YJ3F7EB1KF409711

車検証記載車重：1860kg（前軸940kg/後軸920kg）　試乗車装着タイヤ：ミシュラン Pilot Sport 4 S 235/35-20

試乗コース　南青山のテスラモーターズジャパン南青山ストアが拠点。北の丸公園で停泊したのちに首都高速道路都心環状線・霞が関ICから入線。1号横羽線、11号台場線、湾岸線、横浜横須賀道路を走行後、横須賀ICで降線。本町山中有料道路を走行し横須賀駅まで走行した。復路も同じ道を走行して拠点へ戻った。

モデルＳと違ってフロアが一枚岩の感じがしないとか、トランク後方から外部騒音が入ってくるとか、ゆさゆさ上下動が残るとか、振動の減衰がよくないとか、後席で一生懸命インプレしてくれている萬ちゃんを黙らすには、ただちょっとだけアクセルを踏めばいい。

いやスピードなんか必要ない。

制限速度の範囲内での加速でいい。アクセル開度2割から7割への踏み増し加速で十分。

んじゃちょっと踏み込んでみる。

「うわー、か、かんべんしてください」

ね。

アクセルペダルを静かに踏み込むと、その動きにほとんど完全にシンクロして猛烈な加速が始まる。

内燃機関を動力としているクルマでは、たとえアクセルに連動してバイワイヤのスロットルが瞬間的に開いたとしても、空気を吸引して燃料を噴射して霧化して混合し、圧縮してから点火して燃焼・膨張させ、その筒内圧でピストンを押し下げてクランクシャフトを回転させないとエンジンからトルクは出ない。

モーターは通電すればトルクが出る。

つまり猛烈なのは加速だけでなくそのジャークだ。単位時間あたりの加速度の変化率＝加加速度である。

テスラ・モデル３の「パフォーマンス」モードでの０‐１００㎞／h加速公称値は最新のアップデート版で３・４秒。

ちょっと計算してみよう。

クルマがその瞬間発揮できるパワーをホイルスピンせずにすべて加速に変えることができればそれが「トラクション効率100%」である。

トラクション効率100%ならタイヤと路面のコンビで作る摩擦係数μ＝1のとき1Gの加速が可能だ。

ある速度までの到達時間は速度（m／s）÷｛加速度（G）×重力加速度（9・81）｝で計算できる。公道上でアスファルト路面とロードタイヤの組み合わせによって生じる摩擦係数を0・8とするなら、トラクション100%で平均加速0・8Gで加速すれば0‐100km／h加速時間は3・54秒だ。

つまりモデル3の公称値はこれを超えているのである。

クルマがいない場所で発進から50km／hまでの加速をやってみた。

確かに1・7秒くらい、いや正直言えばもっと速い気さえする。

もし0‐50km／hが1・6秒なら平均加速は0・89Gに跳ね上がる。このクルマは理論最大加速度とほぼ同じ加速ができるのである。

トラクション効率が限りなく100%に近くないとこんなことはあり得ない。

前後にモーターを配置しそのトルクを前後独立して10msの単位で制御する。

内燃機関のトラコンは点火時期とスロットルと噴射タイミングで出力制御しブレーキの助けを借りて4輪の加減速制御を行っているから、どれだけセンサーとCPUが素早く演算しても機械がそれに追従できない。制御は機械を超えられない。

モーターはトラコンの制御レスポンスがミリセカンド単位、だからトラクション効率を１００％近くにできるのだろう。

ただし全開加速はやらないほうがいい。

そこらのスーパーカーなど目じゃないこのジャークは真面目にいってあなたの健康によくない。

高速道路に上がってても加速はさしてへたらなかった。

80㎞／ｈから１００㎞／ｈまで一瞬、泳ぎも乱れもせず突進する。

80㎞／ｈでそのまま巡航するという選択から１００㎞／ｈへ一瞬でワープするという選択まで、その間に存在するどんな加速もアクセルの微妙な踏み加減だけで自由自在だ。

内燃機関式自動車にしか乗ったことのない人に、この夢のようなパワーデリバリーの快感を説明するのは難しい。「ポルシェがゴミに感じる」とでも言うか。

５日後に乗った３ℓターボ４５０ps／５３０Nm搭載の新型９９２＝ポルシェ９１１カレラＳは、１９９７年に９９６で肥溜めに落ちて以来23年ぶりに「お、ちょっといいかも」と感じたＲＲポルシェだったが、パワーデリバリーに関してはテスラの足元にもおよばなかった。

そもそも変速なんかしてる時点で話にならないのだが。

モデル3を眺める

2016年3月の予約開始以来世界中で受注が殺到したモデル3は、生産立ち上がりが当初予定よりかなり遅れて予約者をやきもきさせ、アンチの嘲笑の的にもなったが、2018年第2四半期以降生産は軌道に乗って日本でも2019年9月に納車が始まった。

2019年の生産台数はモデル3単独でなんと30万2318台、第4四半期はついに月産2万9000台に達した。3代目プリウスZVW30の最高月間販売台数が2万2292台（2009年6月）、カローラの記録を20年ぶりに更新したと大騒ぎした2010年の年間販売台数が31万5669台だったから、あれに匹敵する。

ただし2019年12月末にようやく生産車の引渡しが始まったばかりの上海工場は新型コロナ渦の影響で中国政府から一時閉鎖の命令を受け操業を停止していたらしい。

本国仕様は1モーターRR車をバッテリー容量別に4グレードをラインアップし、北米市場ではその4万ドル以下のグレードに人気が集中している。

一方日本仕様のRRモデルは下位から2番目の54kWh仕様「スタンダードプラス」511万円（WLTPによる航続距離409km）のみ。2モーター4WDは75kWhの「ロングレンジ」655・2万円（同560km）と「パフォーマンス」717・3万円（同530km）の2モデルともに販売する。

新開発の永久磁石シンクロナスモーター（PMSM）をリヤに搭載。4WDの場合はフロントに従来通り大出力の三相誘導モーターを積む。

本国仕様の公表値ではＲＲは２５０kW、４ＷＤは「ロングレンジ」で３７１kW＋２２１kW、「パフォーマンス」で４３２・６kW＋２６５kW。つまり４ＷＤは最大出力時の前後駆動力62：38だ。

もちろんモーターの実際の出力はそのときのバッテリー残量で決まるし、常時トラコンで出力制御しているから基本スペックは関係ない。実際の走行状況でどういう前後駆動力配分になっているかはその瞬間瞬間で異なる。

実車はゴルフクラスのように見えるが、実際には全長４６９０㎜、全幅１８５０㎜、全高１４４０㎜、ホイルベース２８８０㎜だから全長はＣクラスと同じ、全高は３シリーズと同じ、ホイルベースと全幅は両車より30～40㎜長い。

コンパクトに見えるのはフロントガラスが前進していてグリーンハウスが長いからだ。

前輪中心↕前席ＨＰの距離は２４０㎜もある座席スライドの中立位置で測って約１４５０㎜。３シリーズＧ２０の同実測値は１５２０㎜だから、前席位置が前輪に対してＢＭＷよりおおむね60㎜くらい前進した位置にある。

その余裕を後席とトランク容量（奥行き１０６０㎜／ＶＤＡ３４０ℓ）に回しているということだ。最近のドイツ車くんだりよりはるかにまともなパッケージだ。

フロントグリルが「わざと塞がれている」以外スタイリングそのものはいたって凡庸だが、ドアを開けて驚いた。インテリアがサンルームのように明るい。

外見からではわからないのだが、前後２分割のガラスルーフの後部ガラスが境界なしにそのままカーブしながらリヤウインドウになっているのである。

巨大な天井ガラスは頭上部分のティンテッドが一段濃く、リヤ部分にはアンテナと熱線が入っている。メーカーはサンゴバンだ。

高級セダンの常識を破ってテールゲートにしたモデルSとは違い、モデル3は2BOXシェイプの常識を破ってトランクリッドとトランクルームを独立式にした。

このクルマのスタイリングが凡庸なのはようするに「だまし絵」だ。エンジニアリングにもパッケージにもデザインにも凡庸な部分はない。

インテリアはまったくシンプル。オープンポア＝オイル仕上げ風のウッド突き板が貼り付けられている以外インパネにはなにもない。エア吹き出し口すらダイソンを思わせるスリット式で、上下スリットからの風量を自在にコントロールして気流を前方、左右、デフロスト方向に送る仕掛けである。

上下が潰れた四角いステアリング（縦45㎜／横350㎜で平均より20㎜小径）の前にもメーターはない。

走行速度やバッテリー残量などの車両走行データはナビと一緒にすべてインパネ中央にある15・4インチのタッチパネル式LCDモニターに表示する。

空調もオーディオも車両設定も全部画面だ。

一方クルマの本質はしっかり抑えている。

シートの本革は表面をサンディングしてボックスせずに分厚く塗装したものだが、よく叩いて揉んであってなかなか柔らかい。ケチなヨーロッパ車ではDセグメントにこんな上等な革は使わない。シートそのものもサイズがたっぷりしており、座面はいきなりのあたりがソフトでストロークが深く、姿勢もきっちり保持する。アメリカ車のシートは一般にヨーロッパ車よりはるかに出来がいいが、テスラも例外ではない。

ドラポジは一発で出た。

天井高は同クラスのガラスルーフ車の平均より20㎜高い程度（座面↕天井９４０〜１０１０㎜）だが、フロントガラスが遠くサイドガラスが直立し、頭上前方と側方のスペースが広いので、Ｓクラスくらいのサイズのクルマに乗ってるかのような広さ感がある。

おどろくほどシンプルで簡潔なインテリアだがまったく違和感はない。むしろこれでいまの普通の気分である。ベンツやビーエムやその他大勢がいまだガラケーという気がする。

モデル３に乗る

試乗車は４ＷＤの「パフォーマンス」７１７・３万円。

個体ＶＩＮ：5YJ3F7EB1KF409711、車検証記載重量１８６０kg（前軸９４０kg／後軸９２０kg）。

タイヤはアメリカ製のミシュラン・パイロットスポーツ４Ｓの前後２３５／35‐20（ノーマル）で、指定２９０kPaのところ３１０kPaも入っていたが、あまりに乗り味が硬かったのですぐに規定圧まで落とした。

ベンツ式コラムセレクターをDにして走り出す。モデルSではベンツのコラムをそのまま使っていたがこれも多分そうだろう。

四角い小径ステアリングは断面も楕円形で、プジョーほどではないにしてもマヌケてる。しかし操舵感はごく低速からしっとり重く、中立から反力が立ち上がってなかなか好ましい。

走り出すとパワートレーンは無音だがアシ周りとボディがなんやら騒がしい。加速に伴ってそれがごーっというロードノイズに変わって車内に響く。路面の変化に応じて音質が逐一変化して、路面感度も高い（→悪い）。

いつもの乗り心地評価路＝麹町警察通りでは上下にゆさゆさ揺すられた。

パイロットスポーツは乗り心地の印象がいつもなかなかいいが、このアメリカ製OEMは縦ばねが硬い。そこに持ってきてダンパーが低中速であまり仕事をしていないから、上下動が生じて揺すられる。

いったん停車して画面で車両設定を開き「操縦性」を「コンフォート」にしてみたが、操舵応答感が鈍くなりロールが大きくなっただけで上下動は改善しなかった。

一般的にはゆさゆさ上下とはダンパー作動のフリクション、車重の重さと入力の大きさに対する取り付け部局部剛性の不足などが原因だとは思うが。

アクセルを戻しただけでかなり回生が効いてその場で停車しそうになる。BMWi3もそうだったがこれでは非常に運転しづらい。車両設定で「回生」を「ロー」にしたら違和感はなくなった。

霞が関から首都高環状線内回りへ。

加速は胸がすくようだが、ロードノイズが一段と高まって車内はＥＶのイメージからするとかなりうるさい。

失望したのは車体全体、とくにフロア周りの剛性感だ。

アルミ押出材でラダーを組んでフロアを貼りバッテリーパックをボルト留めしてストレスメンバーも兼用させるというモデルＳのシャシ剛性感の高さは非常に印象的だったが、その感じがない。

ステアリングを左右に切ってみるとロール角もロール速度もよく抑えてあって、いかにも重心そのものは低いのだが。

パナソニックとの合弁でネバダ州に建設したギガファクトリーで生産するリチウムイオンバッテリーセルは、汎用１８６５０セルに換わってＥＶと家庭用パワーウォール用に新開発した２１７０型。

ほぼ同じセルサイズでバッテリー容量は約2倍になった。

床下に懸架したバッテリーパックの４つの縦型モジュール内にこのセルが詰め込まれており、「ロングレンジ」と「パフォーマンス」の場合セル数は４４１６本、バッテリーパック自体の重量は４８０kgである。

２１７０の開発目標のひとつは「１kWhあたりのバッテリー価格を１００ドル以下にすること」だったから、床下のバッテリー代は７５００ドルにまで下がったということだ。モデルＳが登場した当時（２０１２年）はこの3倍くらいしたはずだ。

しかしフロアが重く重心が低いのにフロアの剛性感が少しも高くないのは解せない。

これまでの例（＝モデルＳとゴルフｅ）ではその二つには明快な相関関係があった。このクルマではむしろバッテリーのマスが悪さをしている感じさえする。

ボディ構造図をみると、モデルSと違ってセンターフロアの床をバッテリーパックで兼用しているように見えなくもない。後席に座って足を踏み鳴らしてみたら中央部で盛大にアルミ板がドラミングした。間違いなくこれは床が一部存在してない。この振動感/剛性感も納得である。

人間の感覚は正直で、すこしでも「過剰」な設計をやめるとてきめんに感じるのである。

湾岸線を幸浦まで走って横浜横須賀道路へ。

オートパイロットは走行モードセレクターレバーの1度押しでクルコン、2度押しで前車追従+操舵支援+クルコン。レバーを上に上げると解除する。前進/後退/パーキングのモードを決める最重要レバーに余計な機能を付加するのは気に入らない。

前車追従も操舵支援もベンツ/BMWより性能が高く、大変上手に車線をトレースする。

前方/リヤ/サイドのカメラと前方レーダーで360度センシングしてその結果をモニターに3D・CGで表示するのだが、オートバイ、トラックだけでなく乗用車の大小やミニバンの別もちゃんと見分けて描くのがすごい(真ん中の自分だけカラー表示)。

管面操作はタブレットの要領そのまま直感的に使えたが、モデルSほど画期的に感じないのは一回り小さい画面(→355㎜×285㎜)を横方向に使っているからだ。

実はモデルSの17インチユニットは厚みが5センチほどもあって、設置自由度がぜんぜんなかった。8年前はしかたなくこれを縦にしてインパネに埋め込んだが、上下方向でも左右方向でもドライバー側にチルトさせて配置したため操作面でも視野でも画期的になった。

モデル3のように小さな横長画面がただ真正面を向いてるだけなら、12・3インチを横に2枚つないでいるべンツの方がずっと見やすいし使いやすい。

もちろん正論からいえば走行中にコントロールのすべてを管面タッチでやらせるなんてのは言語道断だ。砂漠を走ってるならともかく、日本の市街地じゃ脇見運転の2秒ルール内では手探り操作ができない管面タッチではなにもできないから、改正道交法で摘発される可能性大である。

それを踏まえた上で使った感想だけいうと「全部画面コントロールは一部画面コントロールよりずっとまし」である。

「あれはレバー」「これはスイッチ」「それは管面タッチ」「いやいやそれはステアリングスイッチ」と、無整理で煩雑でかっこばっかの現代ヨーロッパ車タコ操作方式（通称タコントロール）に比べれば、いっそぜんぶ画面操作なら慣れる時間はぜんぜん早い。とにかくなにをするにも画面をひらけばいいのだから。

つまり管面タッチ式は人間工学的には完全に間違っているが、管面操作しかないなら心理学的には間違っていない。

横須賀まで71㎞走って消費電力は14・5kWh、なんと4・8㎞／kWhだった。

走行モードを「スポーツ」、回生を「ロー」に設定したこの走りでは、満充電で360㎞しか走れないことになる。

1時すぎなのに横須賀名物TSUNAMI店内はがらがらだった。

萬ちゃんは王道のハーフポンドバーガーを頼んだが、私はまたしても誘惑に勝てずメキシカンプレートにした。

いずれにしてもカルフォルニア・フリーモント工場でテスラを作っているのがハンバーガーとブリトーであることは間違いない（笑）。

帰路は後席へ。

萬澤さんが行きがけに酷評していた通り、ロードノイズが大きく後方から外部騒音が侵入、フロアがドラミングして上下動の収まりが悪く、NVや乗り心地にはこれといってマジカルなところはなかった。Cクラスや3シリーズの後席とあんまり変わらないというのは確かにその通りだが、それでも私には天国だった。

とにかく広くて明るい。

前後に座って前席↕膝は23センチ、フロアトンネルはゼロで真っ平らな床に前席とセンターコンソールが半分浮き上がるように配置してある。足元の広さは抜群だ。

ヒップポイントは座席前端の実測で前席のハイト中立位置より90㎜も高いので前方見晴らし製は抜群。ガラスの天井までは座席から920㎜あってほぼCセグの平均値である。

下品な真っ黒のプライバシーガラスなんかどこにもない。

真夏はどうなるのかと思うが、カリフォルニアで生産してるのにこの仕様にしたのだから、よほど断熱とエアコンに自信があるのだろう。テスラにはいまやスチールルーフ車は存在しないのである。

そのとき白いアウディQ5が横を非合法の猛スピードで追い抜いていった。

「ははは。その気になればあの人なんか一瞬で追いつけますね」

そこだ。

このクルマを運転していると体と心の中に不思議な力が湧き上がってくるのを感じる。

傍若無人なカイエン、下品なAMG、あおり運転のBMW・X、たとえ後方からなにがこようがアクセルひと蹴りで一瞬で回避し、突き放せる自信である。

だからモデル3に乗ったらスピードはださなくていい。

一瞬で加速し一瞬で追いつき、それで交通へのストレスは100％発散できる。本当の本当だ。

「スピードとは単に非力の代償に過ぎない」ということがこのクルマを運転するとよーくわかる。

家に帰ってひさしぶりに真面目に価格表なんか眺めてみた。

いま注文すると3ヶ月で納車だそうだ。

511万円のRR、あれはどうなんだろう。

モデルSのRRモデルは80km／hを超えるとまっすぐ走らなかったが。

「パフォーマンス」のパフォーマンスはあまりに過大で使う機会がないから、同じ75kWhで4WDの「ロングレンジ」655・2万円あたりが狙い目だろう。

もちろん私にはこんな高いクルマ買えないが、みなさんならきっと買えるだろう。認可次第起動する完全自動運転は75・3万円のオプション、ソフトウエアだけの話だからあとからでも購入できる。

ちょっと褒めすぎかな。でもビンテージなら機械式にも憧れるけど、いまから新品買うならオレはもうAppleWatchでいいんだよ。

STORY : 07

論理の騒音が 不条理の騒音に勝っている

☑ DAIHATSU **ROCKY** | ダイハツ・ロッキー

ダイハツ・ロッキー
□https://motor-fan.jp/article/10016387

2020年2月24日

[X] 個体VIN：A200S-0000071
車検証記載車重：970kg（前軸600kg/後軸370kg） 試乗車装着タイヤ：ダンロップ ENASAVE EC300+ 195/65-16

試乗コース 板橋区のダイハツ東京販売が拠点。都道477号を西へ走行、国道254号へ右折し青葉台公園で一時停泊。再び254号を東へ進み、東京外環自動車道・和光ICから入線。首都高速道路5号池袋線を走行し板橋本町ICで降線、一般道を走行して拠点へ戻った。

福野　（最初はゆっくり転がってみる）お。転がり抵抗低い。……転がり抵抗低いな。どこまでも行くよ。まだ行く。まだ行く。ふえー。

萬澤　リッターカーのくせに195／65‐16なんか履いてますけど、銘柄はダンロップ・エナセーブEC300＋です。240kPa指定のところ現状フロント290kPa、リヤ280kPa入ってました。

福野　それか。でもエナセーブはいつも転がり抵抗感の印象は悪くない。ダンロップはどれ履いてもおおむねバランスよくて印象いいですね。あと3気筒なのにめちゃめちゃアイドリングが静かで振動もない。アイドルストップしてるのかと思ったくらい。（発進して20km／hくらいになったところからアクセルを1～2割踏み込んで増速してみる）なかなかつきいいね。アクセル開度20％から加速感がぐいぐい立ち上がってきてなかなか速い。

萬澤　背中に結構ぐーっときてます。思わずアクセル戻すくらい速い。

福野　2～3割の踏み込みでこういう明快なレスポンスが返ってくるってのは気持ちいいですね。これはクルマもいかにも軽いな。

萬澤　なんせ970kgですから。1トン切りです。

福野　踏んだ一瞬のこのふっとくるインスタントなワープ感は転がり抵抗の低さ、軽い車重、レスポンスいいターボエンジンの相乗効果だね。ぐいっと加速してからの伸び感もいい。そもそもエンジン音静かだからCVTがなにやっててもあんま気にならないし。

萬澤　5ヵ月前に乗ったタントでもターボ版は絶賛でしたよね。「日本の軽はもう全部このパワートレーンでいいや」という「商工省標準形式自動車」発言があったくらいで。

福野　「陸軍統制型一式発動機」だってば。

萬澤　見た目は一見重そうですが、タント・ターボに対してフロント40kg、リヤ10kg増しただけの970kg、この車体にトルク40Nmアップ、出力制限ないんで98psまで出せる3気筒1ℓターボ積んでるんですから、理屈から言って遅いわけない。

福野　うーん。しかし、あんまよくない部分もタントと似てるなあ。ステアリングこれ……。

萬澤　いえじつはリヤの乗り心地もです。

福野　タントだタント。デジャヴだデジャヴ。

萬澤　デジャヴは予知夢だとフロイトはいいましたが、タントは現実です。

ロッキー

ジュネーヴ・ショーが中止になったのにはさすがにぶっ飛んだが、3月17〜19日に千葉県木更津市のかずさアカデミアホールで開催予定だったトヨタ・ヤリスの報道試乗会も中止、我々のささやかな試乗もこのさい中止にすべきなのかどうか判断が泳いだが、萬澤さんが売れ行き絶好調のダイハツ・ロッキーにぜひ乗ってみたいというのでマスク着用で決行することにした。

天皇誕生日の振替休日の午前9時半、首都高5号池袋線・中台ランプを降りると道はがら空きだ。新河岸の軽自動車検査協会練馬支所近くのダイハツ東京販売も今日はおやすみ、喧騒の中おっかなびっくりタントを借用したときとは別世界だった。

初対面のロッキーはミラ イースのリヤウインドウをラップラウンド式にして、そこにＲＡＶ４の前後スタイリングを貼り付けたようなクルマだったが、コンパクトで背が高くキャビンが長いパッケージはりっくんランドで見た小松のＬＡＶ（軽装甲機動車）のように骨太で力強い。スタイリストはＲＡＶ４の弟分的にしたかったのかもしれないが、５ナンバー制限で思う存分立体感が発揮できず、結果的にトヨタ風グラフィックが前後に押しつぶされてパッケージに敗退した。つまりこれは「クルマがデザインに圧勝している光景」である。じつに痛快だ。

「ボディサイズ制限」こそデザイナーの専横を抑制しクルマのパッケージに機能性を取り戻すもっとも効果的な手法で、ＥＵも、ＥＶなんかやる前にボディサイズ段階的税制を極端化すれば中小型車を一気に小型化し、ついでに富裕層からがっぽり税金をせしめることができるから一石二鳥なはずだ。その障害になってるのはもちろん損保の圧力と政治的駆け引きでエスカレートする一途の衝突安全アセスメントだ。

衝突安全だけはクルマがでかい（＝長い）ほど有利だが、どんなに対策しても１００㎞／ｈで壁にぶつかれば即死するのだから、衝突安全設計なんて半分は心理的偽善である。

まあ心理的偽善こそ世の中を転がしている本質的原動力のひとつなんだが。

5ナンバーサイズでホイルベース2525㎜、オーバーハングは前後合計で全長の37％。前輪軸中心↕前席HPの距離を測ってみるとスライド中立位置でざっと1300㎜、つまり前席でホイルベースのちょうど真ん中に座る感じだ。それに対して比較的角度を立てたフロントガラスはフロントタイヤに引っかかるくらいの前進位置にある。これが外観をきりっとかっこよく見せているポイントでもある。

全高は1620㎜と高いがフロア地上高もかなり高いので、車内最大高は実測で1235㎜。前席HP高さはシートハイト中立位置で地上おおむね500㎜前後である。サイドガラスの倒れこみは片側135㎜とガラス縦寸の割に少なくサイドガラスもまた直立しているから、頭上周りは前方向も横方向も余裕たっぷりだ。ハイトアジャスターはアップ30ノッチ、ダウン37ノッチ。最高位置にあげても頭上にはまだまだ余裕があったが、残念ながらコラムのチルト量がついてこないので最高位置から7ノッチダウンした位置で妥協した。

高く座って眺めよく視界広くドラポジ健全である。

シート座面は幅490㎜、奥行き500㎜と寸法的にはヨーロッパサイズだが、座ってみると接地面積はさほど広く感じなかった。表皮がニットで柔らかく下層のウレタンとの一体感があってよく伸び、静的面圧そのものはきれいに出ている。底は意外に浅くわずかのストロークでフレームに当たる感じだ。

リヤシートにも座ってみた。

前席より着座位置を大きくあげていてシート前端でフロアから370㎜、ヒップポイントの地上高はざっと6

00㎜だ。したがって前席でキャプテン・ドラポジを取られてもなお後席からの前方見晴らし性は最高で、そのうえで座面↕天井間距離は実測915㎜とヘッドルームもなんとか確保できている。

逆に言えば天井高がゆるすぎりぎりまでHPをあげて見晴らし性を高めたということであって、キャビン後半の天井をまっすぐ後方に引いたグリーンハウスの健全パッケージとともに見識が高い。

前後に座った場合で膝↕席は20㎝の余裕、前席下につま先がゆったり突っ込める。座面はいきなりのあたりが前席同様なかなかしなやかで、Bセグとしてはいい出来だ。

トランクもなかなか広い。

実測で幅990〜1275㎜、奥行き730㎜、全高745㎜。

床板を下段にセットしたときのVDA容量は369ℓで、欧州Cセグメント9車の5人乗り時平均値(=348ℓ)より大きい。さらに床下には実測で縦720㎜、幅810㎜、深さ210㎜の巨大なアンダーラゲージがあり、これを含めれば荷室容量はさらに拡大するはずだ。ただしスペアタイヤ入れのように窪んだこの部分の鋼板には制振材などは一切貼っておらず、コンコンしてみると太鼓のように鳴る。

リヤゲートは全樹脂製。ミラ イースではインナーがガラスPP、アウターがPP+塗装と聞いたがおそらく同じだろう。

3気筒1ℓターボ+CVTを積んで970kg、このサイズ+パッケージング+軽量性はVWゴルフⅢの再来と言ってもいい。日本で使うクルマのベストサイズである。

走り出す前のロッキー、評判どおりかなり素晴らしい。

ロッキー2

展開はＦＦ４グレード、４ＷＤ４グレードで、借用したのはＦＦの下から二番目の売れ線「Ｘ」（１８４・８万円）である。

メーカーオプションはパーキング支援関係21・４万円、ディーラーオプションが８インチナビとドラレコその他で28・３万円。

車検証記載データでは車台番号A200S-0000071、車両重量９７０kg（前軸６００kg／後軸３７０kg）、タイヤは前記のとおりダンロップ・エナセーブＥＣ３００＋の１９５／65-16。２４０kPa指定のところ２９０kPa～２８０kPa入ってたが、試しにフルロード状態のこの設定圧のまま走り出してみたところ、床周りからドタボコドコバコとボコついた反応が返ってきて乗り心地が荒っぽくて硬い。後席の萬澤さんは突き上げ感もかなりくるという。

あと微振動だ。

路面変化にやや敏感で、路面が変わるとゴー、ザー、コー、ドーとロードノイズと振動が変わる。

試乗車は珍しくインパネのナビ下エアアウトレット付近からびびり音が出ており、共振点に入ると鳴り響いて気になった。一般には1回バラして組み立て直すとこういう異音が出やすい。

ボディの剛性感はさすがDNGA、感覚的にいうとまず上屋がロールバーを張り巡らせたように頑強で、揺れても突き上げても微動だにせず、ついでフロアも足でドンドン踏みならしても二重床のようにしっかりしてる。したがって乗り味のこの硬さと微振動、上下動などの乗り味の荒っぽさはなんか解せない。

「感じだけでいうとボディもフロアもしっかりしてるけど路面のうねりや段差に対してダンパーがちゃんと仕事をしてないのでゆさゆさ上下にゆすられてしまうということ、それにともなってやや横揺れが出てること、そしてばねがすごく硬い気がします。（リヤ席の萬澤氏）」

走り出す前にサスをのぞき見たらフロントのLアームがプレス成形鋼板を開断面方向に2枚重ねて溶接するというちょっと珍しい構造、リヤのTBAはビームの断面積が大きくトレーリングアームへの取り付け幅が非常に広く、見た感じかなり頑強そうな構造だった。

ビームの中央部がわずかに湾曲しているのは4WDの場合にプロペラシャフトを逃げるためだろう。

TBAはビームのねじり剛性の選択幅が狭く、当然ながら独立懸架のようにスタビライザーを取り替えてロール剛性を自在に変更することはできないため、エンジニアによると大きく重いクルマにも小さくて軽量のクルマにも適合させるのがなかなか難しいサスペンションだという。

トレーリングアームの付け根ブッシュを斜め配置にして強固なボックス構造にしたボディ部にマウントしトーアウトをキャンセルする常道の設計だが、もちろんこの形式では左右同相で同時にフリクションが生じ、ブッシュを軸方向にソフトにして横力トーアウトのキャンセル効果を高めるほどサス全体が横方向にずれて接地点が動いてしまうネガが出る。

ＴＢＡを４ＷＤに使うとビームを湾曲させなくてはならないだけでなく、ドライブシャフトを2自由度の動きに追従させる必要があるため設計がさらに難しくなるらしい。

設計の自由度があまり高くない形式だから、軽自動車や４ＷＤ車とユニットを共用せざるを得ない条件だと最適化がそれだけ難しくなる。だからということではないのだが、もっぱら感覚的に言えば本車の場合「軽い車重に対してＴＢＡのねじり剛性が高すぎて左右逆相の際のタイヤの路面追従性が低いような感じ」だ。ただしこういう素人推定は大抵間違っている（なははは）。

いったん止まって空気圧を標準の２４０ｋPaまで前後とも落とすことにした。

「乗り心地は良くなりました。突き上げ感がかなり丸くなりました。当然ながら減衰感がさらに悪化して上下動が止まらずふわんふわんする感じが出てきました（萬）」

素晴らしいのはエア圧を下げても良好な転がり抵抗感にはほとんど変化がなかったことだ。路面感度の高いロードノイズをゴーガー鳴り分けながら滑って走って強力に加速する。

車重が軽く転がり抵抗が低くエンジンパワーに余力があってレスポンスがいいから、ＣＶＴは無理していない。タウンスピードでのアクセル開度30％以下の走行ではエンジン回転の上昇と車速との関係は連動的で、回転だけが先行する不自然さなし。ここはタント・ターボで感心したのとまったく同じである。

まったく気に入らないのはステアリングだ。

センターからの切り込みで反力感がほとんどなく、どっちに切ってるかわからない。もちろん前輪はちゃんと切れているから進路は変わるのだが、センタリングも非常に弱いので意識してステアリングをまっすぐ戻してキープしないと、どんどん進路を外れていってしまう。軽自動車によくある操舵感だ。アライメントやタイヤのSATも関係してるだろうが、最大の原因は操舵系のフリクションだと思う。

本車の場合なおさら嫌なのはステアリングギヤ比が結構速く、いったん切り込むと操舵に対する舵角の反応が鋭いことだ。どっちに切ってるのかわからないステアリングをあてずっぽうに切ると急にクルマがきゅっと切れ込んで動く。まっすぐ走ってる分にはさほど問題ないが、角を3回曲がるといやになる。

あとブレーキ。

Aペダル同様に踏力が軽くストロークが深くストロークでコントロールさせる方式だが、制動感が立ち上がるポイントがやや深い。したがってそこらの路地をなにげなく曲がる場合でも深くまで踏み込んで制動しなければならない。そこからあてどなくステアリングを切り込んだら切れ込みすぎないよう途中で舵角を保持し、アクセルレスポンスがいいので注意しながら立ち上がるという気遣いがいる。

ようするになんともドライバビリティがよくない。

ロッキー3

当然のことだが朝霞のりっくんランドは臨時休館だった。自走砲ファンの萬ちゃんはお気に入りの74式105㎜榴弾砲が見れなくて落ち込んでる。萬ちゃんの中ではもはやダイハツ→朝霞→榴弾砲というインスピレーションが出来上がってるらしい（笑）。

朝霞駐屯地を左に見ながら朝霞警察署前の交差点を右折し、青葉台公園の駐車場に停めた。ここで写真を撮影する。休日なので公園は家族連れでにぎわっていた。

帰路は高速を試す。

和光ＩＣから外環自動車道に乗り、信号停車のある美女木ＪＣＴから首都高速5号線へ。

パワートレーンのしつけは高速でも上々。

タコメーターを見るとさすがにアクセルの踏み込みと同時にエンジン回転を跳ね上げて引っ張っているが、盛大に鳴り響くロードノイズにかき消されてエンジン音もＣＶＴも聞こえない。なかなか面白い。ロードノイズというのはいくら大きくても基本的には速度と路面状況に対応して高まるから騒音が論理的だ。対してＣＶＴではエンジン音が速度に対してまったく非論理的にふるまうから理屈に合わない。だからうるさく感じるのだろう。

ロッキーの騒音では「論理の騒音」が「不条理の騒音」に勝っているのだ。

高速に乗ったらステアリングがさらにおかしくなった。中立がスタックしたように重く、いうことを聞かない。壊れたのかと思ったら車線支援制御が入っていた。

直進状態からすでに制御が入ってる感じで、確かに車線追従性能はなかなか優秀だが、結局のところ手で保持していない限り走り続けられないのだから、意味がよくわからない。そもそも自動運転化への過渡的段階の過渡的技術を過渡的に採用している過渡的なクルマに大事なカネを払う価値もわからない。

車線変更でいちいち手で戻さないと戻らない電子式ウインカーにも終日いらつかされた。

こういうくだらない仕掛けばっかいじらされていると本当にもうクルマは終わってきたと思う。人間が操って扱う機械なのに人の心の働きを理解していない心で作る機械。

まあこういってはあまりにズバリすぎるのだが、メーカーと違って部品サプライヤーにはクルマの人間工学や哲学に対する意識がやや甘い傾向がある。というかコスト、強度、耐久性、安全率、生産技術、そしてライバルに勝つ新提案の開発などなど、他に考えなくてはならない必須事項が多すぎて、広い視野と見識がどうしても持ちにくいのだろう。

そういう彼らが作って持ちこむ新しいからくりをなんの疑問も抱かずほいほい使ってしまった結果がいまのこういうクルマであるともいえる。これは日本車に限らず世界全部の傾向だ。

「ヨーロッパ車は人間工学が進んでいる」なんて認識は20年古い。おかしなクルマばっか運転させられている私もいずれ試乗中にコンビニに突っ込むはめになるかもしれない。とっとと引退したほうがいいかも。

板橋本町で5号線を降り、ここで萬澤さんに運転を代わってもらってリヤ席に乗る。

シートもポジションも視界も良好、かなり高く座っているので確かに上下動にともなう横揺れを感じる。一般路なら酔うほどではない。

気になるのは静かな車内で後方がざわざわしてること。樹脂製ゲートから明らかに外部騒音や走行音が透過してくるし、段差や突き上げを食ったときはトランク下のあのお椀状の収納がぼんぼこドラミングする音がする。

リヤウインドウは90％くらい開くが、走行中に半分くらい開けてみたらウインドスロップ（風のぶろぶろぶろ）でテールゲートがががたがた振動するのには驚いた。

バカ売れしてるらしいロッキー。どうか。

パッケージ健全、ボディ頑強、パワートレーン秀逸で基本は申し分ない。

操舵感不良の原因にフリクションが含まれているならこの件は個体差が大きいだろう。

乗り心地が荒く微振動が多くロードノイズが大きいが、値段とクルマのキャラクターを考えれば我慢できる。

もうちょっと煮詰めれば傑作車になれると思うが、ここまでやってその先というのが難しいのだろう。

STORY : 08

こういうの聞いてると期待高まるでしょ

☑ TOYOTA **YARIS** | トヨタ・ヤリス

トヨタ・ヤリス
□https://motor-fan.jp/article/10016391

2020年3月18日

[G] 個体VIN：KSP210-0001031
車検証記載車重：970kg（前軸630kg/後軸340kg） 試乗車装着タイヤ：ダンロップ ENASAVE EC300+ 175/70-14

試乗コース 千代田区の北の丸公園から試乗開始。下道を走行して首都高速道路・霞が関ICから入線。都心環状線、1号羽田線、11号台場線、湾岸線を走行して大黒PAで駐停車。復路は湾岸線、11号台場線、都心環状線を走行し、北の丸ICで降線、北の丸公園へ戻った。

エンジンをかけゆっくり前進しながら操舵すると、ステアリングがむちゃくちゃ軽い。うー、なんちゅう軽さ。小指で回せる。

反力がまったくといっていいほど返ってこないから切り込む手の動きを止めた瞬間にどっちに切っているのかわからなくなる。

安藤 眞さんのメカ解説（@「すべてシリーズ」）を読んで前輪のキングピンアングルを大幅に増やしていることを知り、思わず図版を分度器で測ったら14度くらいあったので、ストラットの曲げモーメントが減ってフリクションが小さくなると同時に、自重モーメントで操舵がセンタリングする作用も強くなるから静止状態でも操舵反力が高まるかなーと期待してたのだが、どうもアシスト量を上げて殺しちまったようだ。

解説を読んで膨らむだけ膨らんでいた期待が操舵一発でしらーとなったのは、やっぱりトヨタ小型車に対する長年の不満が根強いからだ。

アクアに象徴されるように乗り心地安く、フロア弱く、操安性頼りなく、クルマを駆る楽しみが薄く軽いこれまでのトヨタFF小型車は、おおむねどれもみな乗ってエンジンかけてハンドル切った最初のその異様な操舵力の軽さから全印象が出発していた。だから据え切り操舵力が軽いだけで「またこれか」と思ってしまう。人間だから仕方ないのだ。

もちろん世の中には重いステアリングを切った瞬間に購入意欲が崩壊するというユーザーのほうが断然多いのだろう。一度軽くしてしまったステアリングはそう簡単に元には戻せない。

とはいえ「重いステアリングは嫌だ」というのは「オレは物理は受け入れない」と言ってるのと実はあまり変わらない。クルマは重い機械だからだ。せめて車体の重さと運動エネルギーの大きさのヒントくらいは人間に感じさせてくれる操舵力とフィーリングであって欲しい。そうでないと私もあなたもいつかコンビニに飛び込む。

「福野さん福野さん、あのーぜひ今回はいいところお願いします。実は今日これ、かなり無理を言ってクルマお借りしてきたんで」

後席の萬澤さんがマスク越しの低い声で言う。

なるほど。

うーいや、ウインカーがロッキーと違ってメカ式なのはいい。こっちんこっちんという音は昭和のままだが、レバーをしっかり押し下げればクリック感があって作動し、操舵を戻すとかちんと機械的にリセットされるロジックは実に明快、わけわからん電子ウインカーをいじる焦燥感がこれだけで霧散する。皮肉じゃなくて真面目だ。

速度が上がるとステアリングは自然に重くなった。

交差点を曲がる。

操舵力は重くなったが、重いだけでやはり手応えはない。

うー、オレにどうしろっていうの。

ヤリス＝4代目ヴィッツ

3月17〜19日に千葉県市原市のかずさアカデミアホールで開催予定だったトヨタ・ヤリスの報道試乗会が中止になって試乗はすべて個別貸し出しということになった。

通常なら試乗会から1〜2ヵ月遅れて借りるとこなのだが、今回は試乗会に行く予定を組んであったので他のクルマの手配が間に合わない。各社生産休止に追い込まれているのにインプレなんかやってる場合かと内心では思ってるが、これが私の仕事である。第一陣の貸し出しに混ぜてもらうことにした。

新型1・5ℓ3気筒搭載車はさすがに予約満杯なので、いっそ売れ線と思しき1ℓ3気筒モデルにした。FFのみで3グレードあるなかのトップモデル「G」＝161・3万円である。

車両個体：KSP210-0001031、車検証記載重量970kg（前軸630kg／後軸340kg）、タイヤはダンロップ・エナセーブEC300＋の175／70‐14。指定空気圧は250／240kPaだが、いつものトヨタ広報車通り10kPaづつ高く入っていた。試乗はそのまま行った。

例によって意味なくうねる曲面で構成されたスタイリング。大きく寝そべったフロントガラスや小さなリヤサイドウインドウなど、合理性や機能感の対局をいく情緒的パッケージは従来のトヨタ小型車から基本的に変わっていない。

まあでもルーフが後端まで高くてキャビンが大きいのはなかなかいい。この結果室内高は実測1180㎜も確保できた。

このルーフの高さを脊椎反射的に「かっこ悪い」と感じた人間がおそらく屋根を黒く塗りつぶしたのだろうが、ついでに小さなリヤサイドウインドウに真っ黒のプライバシーガラスをいれたのはまったくいただけないセンスだ。総じて目出し帽をかぶった覆面レスラーのような姿である（笑）。こんなもんでいったい海外ウケできるのかと案じるが、直近の傾向では生産台数の26％が日本仕様だったらしい（２０１８年）。

４代目はＴＮＧＡのＧＡ‐Ｂプラットフォームになって基本設計を刷新した。メカ解説を読むとパッケージ、ボディの設計構造、サスの細部設計まで基本から大きく見直されているらしい。

「へー」と思ったのはパワートレーンやバッテリー、補機の配置などを工夫して前輪の左右軸重を均一化させたという件。ジアコーサ式横置きＦＦに「左右荷重均等」のセリフはタブーだったのだが、あえて挑んだという話は初めて聞いた。

サスからボディに伝わる応力の伝達経路などの構造をクローズドループにして剛性を上げる「環状構造」をボディのあちこちに配して、ボディ剛性と局部剛性をアップしているのはプリウスのＧＡ‐Ｃプラットフォームと同じ。

２０１３年のレクサスＩＳから始まった構造用接着剤もついにヴィッツまで降りてきた。

構造用接着剤は重量を増さずに剛性をアップするにはいいが、主にディッピングで処理する塗装ラインの下塗工程において接着剤の落下による槽内汚染の危険性や、閉断面部のエアポケット発生による下塗りの不着が起きうるなど、生産はそれなり難しい。ヤリスの場合もフロアおよび開口部の下部周りに接着剤の使用をとどめてエアポケットの発生に対処している。

それをフォローしているのがスポット溶接の打点増加だ。電気抵抗の立ち上げを制御することによってスポット溶接の泣き所である分電分流を低減し、従来「35㎜」を下限としてきた打点間隔を20㎜まで短縮することができたという。

こういうの聞いてると期待高まるでしょ？

高まります。

ヤリスに乗るス

ボンネットを開けたままアイドリングしていると結構なエンジン音だ。なぜかいまどき吸音材のカバーも使っていないが、室内に入ると大変よく減衰されていてほとんどエンジン音は聞こえなくなった。わずかにフロアに振動が伝わってくるが3気筒とは思えない低レベル。

ロッキーでは転がり抵抗の低さを実感したが、こちらは同じブランドで175／70‐14に6ポイントもダウンしているのに転がりっぷりはいたって普通だ。異常に軽いハンドルは走り出すとまっとうな操舵力になって安心したが、右も左も当てずっぽうで切ってるような感じは変わらない。

タウンスピードでの静粛性はなかなかだ。

軽いクルマだから吸音材しか使っていないはずである。前後席の会話周波数が吸われている感じがほとんどしないのに、エンジン音や外部騒音はよく減衰していて、ちょっと前のホンダ車みたいに耳が押し詰まるような不自然さはまったくない。

騒音には特定の周波数帯域をねらって減衰すると他の周波数帯域が目立ってくるという「もぐら叩き的傾向」があるが、このクルマではなにか突出して目立つ音がないという印象である。

防音材のニットクに取材に行ったときに「防音材の配置設計には『寄与率』という考え方が重要で、防音の寄与率が高い部分に性能のいい防音材を配置して最適配置すれば各パネル部における車内騒音の発生寄与率は一定になる」と教えていただいた。

もちろんこれは防音対策としての効率の話で主に重量とコストの低減に関するメリットだが、防音性能そのものにも最適バランスはある。Bセグ3気筒でここまで静かなクルマは世界にないだろう。

乗り心地チェックの麹町警察通りもまずまずこなす。

上下動をしっとりダンピングして抑え、ピッチング方向の揺動が少ないから重心高が非常に低く感じる。スポーツカーのような安定感だ。

ただしロードノイズに関してはやや路面感度が高く、舗装が変わるとざー、ごー、ぞーと鳴りが大きく変化する。段差乗り越えで衝撃的入力が入ると突然ぼこーんとボディが鳴る傾向もあった。

空気伝播音についてはバランスがいいが、固体伝播音については入力に対する反応のリニアリティがやや低い。前号のロッキーもこういう感じだった。

いつものように霞ヶ関ランプから首都高環状線内回りへ。

車重970kgに69psだから、さすがに流れに乗るために加速するとアクセル開度が大きくなり回転も跳ね上がる（＝CVT）。ただしエンジン音も排気音も低いのでラバーバンドの違和感は覚えない。本稿でおなじみのCVT理論だ（＝「エンジン音が静かでタコメーターを見なければCVTがどんな制御をしても気にならない」）。

しかしどうも後席では違うようだ。

少し踏むたびにエンジン音がこもり、典型的なCVT車の感じらしい。

萬澤さんはいざ走り出すと毎回、座り心地と乗り心地に厳しいインプレッショニストに早変わりする。「上下動が大きいわりにダンパーの効きが強く、大きく揺すられてから強引に引き戻される感じがする」という。

一の橋から浜崎橋までの平坦なワインディングは路面を再舗装して以降ロードノイズ評価路に使えなくなってしまったが、流れに乗って走ると60～80km／hの中速域のハンドリング感が体感できるようになった。

なかなか軽快だ。

転舵に対するフロントのロール速度がよく抑えられ、そのわりには突っ張るような不自然さもなく、転舵速度や横力に応じてそれなりに深くも入る。懐が深い感じだ。

リヤの追従感もいいからやはり重心高もヨー慣性も低い感じがする。ゴーカート的というのか、車体の低いスポーティカーを運転しているようなハンドリング感で、強いて言えばミニ一家に近い。ただしフロントはロール剛性を上げすぎのミニよりずっといい。

問題はどっち切っているのかわからないこのステアリングである。

タイヤの影響が大きいだろうがタイヤだけでもない感じがする。

浜崎橋の右コーナーのいつもの目地では70㎞／h＋でややリヤが横っ飛びした。

湾岸線に乗ると流れの速度域は80～100㎞／hに上がる。ここから加速するとMTで3速に入れたような感じでエンジン回転が4000rpm以上に跳ね上がり、ぼぅーと唸る。まあ加速もちゃんとしてくれるので高速100㎞／h巡航でもさほど非力とは感じない。

4000rpmを超えないようにアクセルを踏むようにすれば車内の快適性をリーズナブルな領域に保ちながら流れに乗ってクルーズすることができる。リッターカーとしては十分な性能だがターボをつければもっといいと思う。つけろ。

リヤに乗るス

大黒PAに行ったらなんと我らの「社員食堂」が閉店していた。臨時ではなく本当の閉店だ。ついでにおとなりの吉牛もなくなっている。

おそらく改装して店を入れ替えるのだろうが、あの異常にリーズナブルな回鍋肉定食を食べるのが毎月のイニシエーションだった萬ちゃんのショックは大きい。帰り運転できるか？

しかたなく1階で食事をしてから出発する。

リヤ席に座っていささかうんざりした。

リヤウインドウは真っ黒なプライバシーガラス、おまけにベンツの広報車の真似して？天井まで真っ黒にしてしまったから、後席の閉所恐怖症的洞窟レベルはAクラスと世界ワーストを争うくらいだ。

今回のフルチェンジでは前席着座位置を前輪に対して下げ、かつ低くしてドラポジを大きく改善したという。ラフに測ってみると前軸中心↕前席ヒップポイントは１３００～１４２０㎜、スライド中立位置で約１３６０㎜で確かにCセグ並みの遠さだ。ホイルベースは２５５０㎜、全長３９４０㎜だから、当然その皺寄せは後席とトランク容量にくるだろう。

後席の居住スペースはその割にはそつなくまとまっている。

ヨーロッパ式に背もたれを立て、お尻を引いてフットスペースを稼ぎ、前後に座ったときの前席背もたれ↕膝のスペースは15㎝ほど確保。

燃料タンクが座席下なのでＨＰを前席より上げているが（シート前端の実測値からの推測で＋25㎜ほど）ルーフが高いので座面↕天井は実測８９０㎜と限界ぎりぎりＯＫだ。

前方見晴らし性も悪くない。ただし周囲は真っ暗だから、洞窟の中から出口の青空を仰ぎ見ているような感じだ。

座面クッションが薄いのでこれが乗り心地にとってはマイナスか。

萬澤さんは背もたれの張りも弱くて腰が痛くなったらしい。

走り出すと萬ちゃんが言うほどリヤの乗り心地は悪くなかった。もともと私の方がインプレ感度が数倍鈍いのだが、車輪の位置がしっかり決まっていて上下動にともなう左右動がなく、左右にも前後にも姿勢変化が少ないので「硬いけど酔わない」感じである。硬いが爽やか、ざっくり言えばミニよりずっと後席乗り心地の洗練度は高い。

「うわー本当にどっち切ってるのかわからないステアリングですね」

萬澤さんもやっぱこれだった。

そもそも操舵反力とはなにか。

ひとつはタイヤのSATや冒頭の自重モーメントによるセンタリングのようにステアリングを中立に戻そうとするトルクの作用だ。

しかし「クルマの教室」の講師Bさんは、操縦性における操舵反力感とは「操舵に対するクルマの反応」でほぼ決まると言う。

極端な例でいうと、カーブでハンドルを切った瞬間にもし後輪が前輪とは大きく逆方向（「逆相」）に操舵したとすると、クルマに一気にヨーモーメントがつく代わりにオーバーステアになって、ハンドルにはほとんど反力が返ってこないだろう。

逆に転舵と同方向（「同相」）に後輪が変位すれば後輪のグリップがより早く立ち上がって後部から押されアンダーステアが出るから、切ったまま保持しているハンドルがぐっと重くなるはずだ。

考えてみればこんなことは当たり前の話で、アンダーステアが出ればハンドルが重くなって保舵力に反力感が生じ、オーバーステアなら保舵力が軽くなって操舵感は乏しくなり、どっち切ってるのかわからなくなるのだ。

むかしトヨタ・メガクルーザーというクルマがあった。機械式4WSで前後輪ステア機構がシャフトで機械的に連結しており、操舵角に応動して後輪が直進→同相→逆相へと切れる。

高μでは舵角が小さいから後輪が同相に切れてアンダーステアになり操舵感が重くなって安定感が増すが、例えばラフ路などでアンダーステアを出して進路が大きくはらみ、あわてて舵角を大きく切り増したりすると、後輪が逆相に切れ始めるとともにふーっと操舵力が軽くなって、急激にクルマが巻き込んで安定を失った。

あの図体でラフ路でのオーバーステアは実に恐ろしかったから、みんなして「怪機動車」「恐機動車」「低機動車」などとさんざ悪口を言ったものだ。

中間ビーム式ＴＢＡは前方2ヵ所にしかサスのマウントがない。だからコーナリングするとサス全体がパッシブに変位して左右後輪が前輪とは逆相に変位する。より影響の強い外側輪がトーアウトするので、この逆相変位を「横力トーアウト」という。

ブッシュをソフトにするとこの傾向は当然ながらさらに強まる。

つまりＴＢＡというのは基本的に、カーブを曲がり始めて横力が加わった瞬間にリヤ外後輪が横力トーアウトしてオーバーステア気味になり、ステアリングの手応え＝操舵反力が弱くなる特性になりやすいリヤサスであるといっていい。

もちろんデフォルトでトーインをつけとく手はあるが、あんまりやると走行抵抗が増えタイヤが減る。

そこでＶＷはＴＢＡのマウント軸を斜めに配し、坂を登っていくようにサス全体を平行変位させてトーアウトを相殺するという方法を考えた。

あまりの妙案なので世界中のＴＢＡが追従したが、ブッシュの構造を軸方向に柔らかく、軸直角方向（＝コンプライアンス方向）に硬くしておかないとスムーズに斜行せず、トーアウトキャンセルがうまく働かない。

また作動軸を傾斜すれば左右輪が同相でストロークした場合のフリクションが大きくなって乗り心地が犠牲になる。

そこでヤリスはＶＷ方式マウント軸斜め配置をやめた。やめてブッシュでトー制御する。

30年前のＴＢＡに先祖かえりしたのである。

ただしトーションビームの中央を持ち上げた。

リヤサスをのぞいてみると下方開放式ビームの中央部が大きくアーチを描き、しかも下部を切り欠いてある。

ＴＢＡは左右輪が同相でストロークする場合はフルトレーリングアームのように全体がぱたぱた動くだけだが、コーナリング時のように左右輪が逆相に動く場合は、ビーム中央部から左右がそれぞれ逆位相にねじれてセミトレーリングアームのように動く。

それにともなってタイヤはキャンバー変化しつつトーインにアライメント変化する。ロールによってこのアライメント変化は生じるから、これを「ロールステア」という。

セミトレではアーム内側ピボット位置を高くして作動軸の傾斜を大きくすればロール時トーインの傾向はより強くなる。ヤリスのＴＢＡはまさにこれをやっている。

ビームのねじれ中心（せん断中心）の位置をあげてロールトーイン傾向を高め、これで横力トーアウトを相殺しようと考えたのだ。

ただしこのアイディアには難点がある。

横力ステアは横力に比例するが、ロールステアはロールに比例するからだ。

つまり机上の理屈ではヤリスでコーナリングすると、まずリヤ外後輪が横力で逆相＝トーアウトに変異し（ハンドルの手応えがない）、ロールが生じてそれが深まっていくとともにロールステアが生じてトーアウト傾向が弱まり安定化する（ハンドルがしっかりする）という過程をたどることになる。

リヤのロール剛性は高めの設定で、太いスタビの存在でビームのせん断中心もやや引き下げられているからロールステアの効能はそれほど顕著でない気もするが、ブッシュの設計とともにこのあたりがチューニング要素だろう。

とはいえ「操舵の瞬間の反力感は乏しいがコーナリング自体は安定している」という体感は、このメカの基本と大きく矛盾していない。

「コーナーに入ると後輪がまず横力トーアウトし、ロールが入るとロールステアでアンダーになる。これって福野さん、なんか思い出しませんか？　ジェミニの『ニシボリックサスペンション』ですよ！（「クルマの教室」の講師Bさん）」

うわー、確かにそうだ……。

ヤリスどうか。惚れはしなかったが、よくないとも思わなかった。大きな魅力がない代わりにそつもないということだ。

個性というのは大変素敵だが必ず欠点も連れてくる。全周最適化するには欠点をつぶし、個性はスタイリングだけで出す→これぞトヨタが世界を制覇したノウハウなのだから、日本人ならあんまし揶揄はできない。

ともかく皆様もどうかお気をつけて。日本頑張れ。

STORY : 09

常に誰かが見ててアクセル全開にさせてくれない感じ

☑ HONDA **ACCORD** | ホンダ・アコード

ホンダ・アコード
□https://motor-fan.jp/article/10016392

2020年6月3日

[EX]　個体VIN：CV3-1000192
車検証記載車重：1560kg（前軸960kg/後軸600kg）　試乗車装着タイヤ：ブリヂストンREGNO GR-EL 235/45-18

試乗コース　港区南青山の本田技研工業本社から試乗開始。北の丸公園で測定観察後、下道を走行して首都高速道路・霞が関ICから入線。都心環状線、1号羽田線、11号台場線、湾岸線を走行して大黒PAで駐停車。復路は湾岸線、11号台場線、都心環状線を走行し、北の丸ICで降線、下道を走行して本田技研工業本社へ戻った。

アコードやっと国内登場

コンパクトな横置FFパッケージに都会的で洗練された内外装とCVCCエンジンを与えて「BMWを小型FFにしてハイテクにしたような」画期的イメージの乗用車として北米市場に登場、一代にして神格化に近い評価を得た初代アコードの登場は44年前の1976年5月だ。

あの時代ホンダの東京本社は原宿の明治通り沿い、神宮前の交差点から渋谷方向に300mほど行ったいまの京セラ原宿ビルで、いまはビクトリノックスやカルバンクラインやLeeや時計屋さんが入っている1階がそっくりショールームだった。

「ホンダってずっと青山1丁目じゃなかったんですか」と萬澤さんがすっとんきょうな声をあげる。

ショールームをリフォームしたばかりの17階建ての青山本社ビルが竣工したのは1985年8月だ。「アコードで建ったビル」とまでは言わないが、北米だけで5年で56万台売った初代、それを20万台/年レベルへ倍増させた2代目は立派な社屋の建設に大いに貢献したことだろう。

インテリなイメージのアコードはその後ボディを徐々に拡大し、北米で「フルサイズ」と呼ばれるアッパーミドルクラスのワールドカーに成長した。

CV3型はその10代目である。2017年秋から北米、2018年4月からは中国でも発売されていたが、やっと日本市場にも回ってきた。

9代目以降はオハイオ州マリーズビル、広州の廣汽本田と武漢の東風本田、マレーシアのパゴー、そしてタイなど各国で生産、10代目以降は狭山工場とナイジェリアでの生産が終了したため、日本仕様はタイ・アユッタヤのホンダオートモビル・タイランド製を輸入する。

今回の新型車試乗会は個別貸出システムだ。青山本社ビルの2階のミーティングスペースに座ってラップトップの動画再生で宮原CEのプレゼンを拝聴、キーをもらって地下の駐車場でクルマを借用する。質疑応答は試乗後にオンラインで行うという設定だ（締め切りだったので欠席）。

運転席に座って出発すると1階へ登るスロープがめちゃくちゃ狭く感じてひやひやした。車幅が1860㎜もあること、フロントノーズが長くボンネットの先端がどこにあるのか掴みにくいこと、操舵力は重いのになぜか接地感が乏しいこと、そして何より1985年の設計だから駐車場のスロープの幅が狭いことである。2代目アコードの全幅は1650㎜しかなかったのだから仕方ない。

とりあえず青山通りを流して北の丸公園へ向かう。

室内はしゅーんと静かで快適だ。遮音膜をサンドイッチした2重式サイドウインドウを開けてみたら2車線向こうを走ってるトラックの騒音の大きさに驚いた。外部騒音の遮断は非常にいい。

プレゼンでもモノコック要所10ヶ所の閉断面部へのウレタンフォームの充填・発泡、重いが効果的な遮音材（ゴム＋吸音材）の最適配置、樹脂パネル式ヘルムホルツ・レゾネーターで気柱共鳴音を減衰するアルミホイルの採用、スピーカー式アクティブノイズキャンセル機構などのNV対策を強調していた。

格子構造のフロア設計も剛性だけでなくNV対策に貢献しているという。

全体に騒音レベルが低いせいか、走るとロードノイズだけがぞーっ、さーっ、どーっと路面に応じて音質を変えながら室内にこもり気味になる。前席のちょうど真下あたりが共振してシートに微振動が上がってくる。市街地走行でもっとも気になるのはロードノイズとその振動だ。

北の丸公園の駐車場でボディを計りながら観察。

日本仕様唯一の車種設定である4ドア「ＥＸ」は、路車間保持デバイス、緊急ブレーキ支援、ニーエアバッグなどの安全パッケージと連続可変減衰制御式ダンパー、本革シートなどを装備した仕様で４６５万円。カムリでいえば２・５ℓハイブリッド＋４ＷＤ＋革内装のシリーズ最高価格モデルと同じ値段である。というかそこに真正面からぶつけたのだろう。

ボディサイズは全長×全幅×全高＝４９００×１８６０×１４５０㎜、ホイルベース２８３０㎜。９代目に対してホイルベースは55㎜長くなったがオーバーハングを詰めて全長は45㎜短くなった。

サス改良とガス点火アクチュエータ式ホップアップフードの採用によってボンネット高を下げ、前席ヒップポイントも低くした。ステップの高さは実測３９０㎜、シート前端位置でフロアからの高さが２４０〜２７５㎜と測ってみると確かに低めで、ハイトを中立にした時の地面からのヒップポイント高さはおおむね44㎝くらいだ。

ハイブリッド用バッテリーは小型化してホイルベース内の後席下に配置している。

横方向は全幅を＋10㎜拡大してトレッドを１５９０／１６０５㎜までワイド化した。

これらまとめて「低慣性モーメント化（ロール慣性でマイナス7・2％、ヨー慣性でマイナス1・7％）」と「低重心化（マイナス15㎜）」というふうにアピールしていたが、実は全幅で20㎜（トレッドで10〜15㎜）広い以外はカムリと全長、全高、ホイルベースはほぼ同値。つまりヨーロッパ車でいうとE／5シリーズのボディサイズとトレッドにC／3シリーズのホイルベースというバランスのクルマだから、オーバーハング長とヨー慣性についてはあまり威張れないと思う。

最小回転半径は5・7mで9代目と同じだ。カムリ4WDの5・9mには勝っているが、全幅が広くオーバーハングも長いので、青山ビルの駐車場スロープで苦しかったようにウォールtoウォールが回らない。FRで前輪切れ角が大きくオーバーハングが超短いベンツ（Cクラス＝5・1m、Eクラス＝5・4m、Sクラスでも5・5m）に遠くおよばないのは仕方ないが、「うわー回らないよ」と思わず叫ぶこの感じはホイルベース2925㎜＋4WDのA6クワトロ（＝5・7m）並みである。

シートハイトを思い切りあげて座ってみると、チルト50㎜＋外径370㎜のステアリングはぴたっとついてきた。メーターもLCDパネルもこっちをまっすぐ見あげている。フロントガラスの傾斜が強すぎないからAピラーの視界が邪魔にならないし、天井前端が高く、逆にインパネ上面が傾斜してマスが小さく圧迫感がないので明るく広々と感じる。

初代／2代アコードのインテリジェンスもまさにここ「明るくて広い視界」から出発していた。

スタートするにはインパネ右のパワースイッチを押して電源ONしてからセンターコンソールの「D」ボタン

を押す。モーターを逆転させる後退は「R」を上に引く。

ようするにパワーウインドウスイッチの要領だが、何を動力に走ろうともクルマは質量のある実在の機械であって、大きなエネルギーを使ってそれを前進させたりバックさせたりする司令操作というのはそれなりに大きく重くしっかりした操作感をともなう機械的な操作儀式であってほしいと思う。ウインドウ昇降などとは制御する質量が根本的に違うのだから、指先スイッチひとつで前進かバックか指示するなんて文化はおかしい。

スイッチの話のついでにどうしても書いておきたいのが、ドアミラーのコントロール。これがもう実に素晴らしかった。まったく作動タイムラグゼロ、指先でじかにミラーの端を押してるかのようにミラーがシンクロして動き、まさに自在に調整できる。こんな素晴らしいミラースイッチはベンツでもBMWでもベントレーでもRRでも体験したことがない。マジで人生初だ。

このミラースイッチを設計・製造・納入したサプライメーカーと設計者、担当者の方には「萬福二番搾りアワード」を送りたい。権威はゼロだが、なかなかもらえない。

アコードに乗る

試乗車の個体VINはCV3-1000192、出発時オドは1687㎞、車検証記載重量1560kg（前軸960kg／後軸600kg）。タイヤはBSレグノGR-EL235／45-18、空気圧はフロント235kPa、リヤ220k

Pa指定のところ230／220だった。このまま乗ることにする。

いつものように麹町警察通りでタウンスピードでの乗り心地を確かめてから霞ヶ関ランプで首都高速環状線・内回りへ上がる。

ベンツE200の2駆よりざっと130kg軽い1560kgの車重は自慢していい。

2・5ℓ＋ハイブリッドにしては軽めなカムリでも乗り心地がやたら硬い235／45‐18装着車の車検証記載値は1600kg（950kg／650kg）だった。

この軽量性はモノコックのハイテン率の高さ（560MPa級以上重量比49％）がもちろん大きいだろう。薄肉化のバーターとして低下するボディ剛性は、リヤバルクヘッドの環状構造などの設計的工夫と接着線長43mの構造用接着剤使用などの生産技術によって逆に向上しているという（ねじり＋32％、曲げ＋24％）。

剛性感も確かになかなかいい。

ロードノイズとともに座席下からシートへ伝わってくる微振動を除けばフロアはとてもしっかりしていて、上屋周りとの剛性感のバランスがうまくとれている感じがする。

首都高では姿勢変化の低さが印象的だった。

車両設定を「コンフォート」か「ノーマル」にしている状態でもとくにノーズダイブが非常によく抑えてある。フロントサスのL型ロワアームに大きな後退角が設けられていたからアンチダイブの効果が当然大きいと思うが、挙動に突っ張ったような不自然さがないのは、ノーズがダイブしたときにピストンスピードの遅い領域でもダンパーがしっかり減衰力を出しているからかもしれない。

一の橋→芝公園のうねりの多いカーブで操舵するとロール角／ロール速度とも低く、車両の挙動に大変安定感があった。低い重心高、サスのアンチロールファクター、ダンパー減衰力のそれぞれの効果の連携リレーだ。

操縦感の不満は、だからこの妙な操舵中立の重ったるさに集中する。

パワーアシストはダブルピニオン式ＥＰＳ、切り始めのアシスト量を減らしており、逆にセンター付近のラックのギヤピッチを変えてスローにしている。重く鈍いこの中立設定と、トレッドが柔らかくセンターがいつもはっきりしないレグノとのコンビネーションがまったく良くない。

反力感と接地感もどうにも乏しい。

このクルマは状況によってブレーキを使ってヨー制御しアンダーステアを消す制御をするが、使っているのは前輪ブレーキだけなのでリヤの安定性が低下するということはないだろう。よくわからないが、ともあれ操舵力が重いというだけで、決してフィーリングはよくないハンドルだ。

これが運転中の絶えないストレスだった。このせいでクルマが実際よりずっと大きく重く感じる。２・３トンのレクサスＬＳを運転してるかのような重ったるさだ。

鈍さの理由の二つ目はパワーデリバリーである。

ハイブリッドは先代フィットなどのｉ‐ＤＣＤ（１モーター＋７速ＤＣＴ）ではなく９代目やオデッセイ同様、ｉ‐ＭＭＤと呼ぶシリーズ式。基本的にはエンジンは駆動輪とは直結しておらず、エンジンで発電機をダイレクトに増速駆動して発電、その電力で走行用モーターを回しEV走行する。変速機は付いていない。

ただし60km/h以上では湿式多板クラッチを接続してエンジンと駆動軸を直結することもできる。この場合はモーターとエンジンの動力をミックスするパラレル式ハイブリッドになるわけだ。

ただしいまどういうパワーフローになっているかを積極的にドライバーに伝えるような演出は消極的で、エンジンのタコメーターの代わりに意味不明の単位の目盛りが付いたパワーフローメーターが動くだけだ。

タウンスピードから高速道路までEVに期待するようなシャープな加速のジャークはまったくなく、加速感は常に茫洋としている。

踏み込むとCVT車のようにエンジン回転が跳ね上がり、エンジン音が吠えて車内に侵入してくるが、加速がそれにともなって瞬発するわけではない。

「スポーツ」にするとアクセルレスポンスは確かに上がるが、アクセル操作と発揮される駆動力との間に「常に誰かがいてアクセル全開にさせてくれない」感じが否めない。

首を傾げているうちに大黒PAに到着してしまった。

リヤに乗って帰る

昼食後は後席に乗って帰る。

リヤはなかなか広い。前席下には靴先は入らないが前後に座ったとき後席の膝↕前席背もたれの距離は22センチもある。

座面から天井までは実測900㎜。

ヒップポイントは前席に対してやや高い程度で、低いルーフラインに合わせてどちらかと言えば落とし込んである設定だ。しかし前方見晴らし性はまずまずで、サイドウインドウの見切りもフロアから770㎜と、このクラス平均値より1㎝ほど低い。インテリアのカラーリングが明るいおかげで後席居住感は爽やかだ。

シートは重厚な作りで、厚手の本革も柔らかい。直下のパッドはやや硬めだが座面のストローク感がありダンピングもよく効いている。

走り出すとリヤでもロードノイズが大きかった。

空気伝播についてはタイヤの気柱共鳴音も車内騒音もそれぞれ対策の仕掛けが相応の効果をあげていると思うのだが、そのせいで固体伝播音に関しては逆に目立ってしまっているのかも。

後席乗り心地もなかなかだ。

「コンフォート」「ノーマル」では上下動がよく抑えられ、フラットで安定している。うねりなどのパスでもボディの剛性感が高くしっかりしている印象だ。

「確かにこのハンドルって、ただ重いだけでフィーリングはちっとも良くないですね。これを福野さんは『接地感と反力感がないから』と表現してるわけですね。なんか走りもこれといった特徴がありません。アウトランダーPHEVも9代目アコードのi‐MMDもEVの走行フィーリングにキレがあって気持ちよかったんですが、マイチェンの結果なぜか両車ともまったく普通のクルマになってしまいました。なぜでしょう（萬澤）」

アコードのハイブリッド用LFB‐H4型はロー／ハイ切り替えVTEC＋電動VVTで吸気弁遅閉じミラーサイクルを行う2・0ℓ16弁エンジン、吸気弁底面を鏡面研磨して受熱面積を小さくし排気弁はナトリウム冷却、ボア間スリット（現在の視点・ピアッツア編の図10）や鋳鉄製スリーブの上面形状の工夫、ピストン裏面のジェット油冷などでアンチノック性を上げて圧縮比を13→13・5にアップすると同時に、ボアのホーニング加工にオイル保持性はキープしつつフリクションを低下させるというホンダ独自技術を駆使し、カムやクランクジャーナルの鏡面研磨なども加えて低フリクション化をさらに進め、40・5％という最大熱効率を実現したという。

こういうエンジンにモーターと発電機を機械的あるいは電気的に連結してパワーフローをコントロール、走行負荷が大きい領域ではモーターでアシストしてエンジンの負荷を下げ、走行負荷が小さい走行状態ではエンジンに発電負荷をかけてやれば、ポンピングロスが少なくフリクションも高くならない「燃費最良ゾーン」でエンジンを常時使うことができて燃費が向上する。

今回は75㎞走って19・1㎞／ℓをマークした。

まあようするにそこではないか。

効率を高めて行くほど「誰かが介在」する範囲が広くなりクルマが操作のいうことをきかなくなる。

クルマはたぶん確実にそういう方向に向かって走っているのだろう。

バスやタクシーなら効率追求一本でいいともいえるけれど、せっかく売るならシビック・タイプR用と同じK20C型2・0ℓターボの256BHP仕様を内製10速ATと組み合わせた、あのおいしい北米仕様も日本に持ってきて欲しかった。

「トヨタになり切らないと商売はデカくならない」のは証明ずみの事実だろうが、ホンダがトヨタになったらアコードを初代から知ってる昔気質のカーファンはやっぱ悲しい。

本書のインプレの根本的にダメな点は、もっともらしいことを書いてはいても基本的にはすべては乗って走った感想文に過ぎないということで、そのせいでクルマ文明の本筋論から大きくはずれる傾向もいよいよ高くなってきている。まあインプレっちゅうのはそういうもんだから仕方ないが。

コロナ禍の3カ月自宅待機だったという某国際線エアライナーの客室乗務員さんは、3軸式基本設計、中圧コンプレッサ一部以外の可変静翼の廃止、ハイドロフォーミングを使った中空チタン製ファンブレードなどの設計的工夫によって、高効率化とともに小型軽量化、低騒音化、高信頼性も達成した高バイパス比ファンエンジンの傑作と誉れ高いRRトレント1000をCFRP製機体に2発搭載する1機243億円のボーイング787-8様を捕まえて「確かにキャビンが乾燥しないのは嬉しいんですが、でもうちのビーエイトってギャレーの使い勝手はワーストワンなんですよ。収納スペースがすごく狭いんでギャレーの外にグラスや物品をしまうしかないし、調理作業台がまったくないんです。使いやすいのはやっぱりトリプル(777-300ER)ですが、ロンドン便とかに使ってる新造機は作業台の位置が高いのと、ブラインドカーテンのレールが太くてすごく邪魔になるんです」と論破していた。

エアライナーの使っている機材のギャレーレイアウトは基本的にはエアライナー側で細かくメーカーに注文をつけて特注する性質のものだし、その開発作業にはＣＡも参加しているはずなのだが、実は事務職ばかりでフライトは月数回、たとえ常務してもギャレー担当なんか絶対しないという管理職級ＣＡが担当したりしているので、まったく使い勝手のツボがはずれてたりするのだという噂もよく聞く。

アコード、つまり使い勝手がどうだろうとドライバビリティがどうだろうとほとんど関係ないお客さんとして隣や後ろに乗るなら、それほど悪くないクルマということである。

STORY : 10

ミニもここまで熟成すれば悪くない

BMW 1er | BMW・1シリーズ

BMW・1シリーズ
□https://motor-fan.jp/article/10016395

2020年7月27日

[118i Play]　個体VIN：WBA7K320807E17431
車検証記載車重：1410kg（前軸830kg/後軸580kg）　試乗車装着タイヤ：ブリヂストン TURANZA T005 ☆ 205/55-16

[M135i xDrive]　個体VIN：WBA7L120X07E18534
車検証記載車重：1580kg（前軸940kg/後軸640kg）　試乗車装着タイヤ：ブリヂストン TURANZA T005 ☆ 225/40-18

試乗コース　1台目は千代田区の北の丸公園から試乗開始。下道を走行して首都高速道路・霞が関ICから入線。都心環状線、1号羽田線、湾岸線を走行して大黒PAで駐停車。その後神奈川5号線、神奈川7号線を走行して新横浜ICで降線、下道と国道1号線を走行して東京汐留ビルディングへ帰着。2台目に乗り換え、下道を走行して首都高速道路・飯倉ICから入線。2号目黒線を往復し、同じ道を走行して東京汐留ビルディングへ戻った。

１シリーズ（F40）とは、横置2シリーズ同様「ＢＭＷの皮を被ったミニ」である。

当初の予想に反してホイルベースはクラブマンやクロスオーバーと同じ２６７０㎜、つまり２１８ｉアクティブツアラー（F45）と同値だ。

２１８ｉより全長で40㎜短いが全幅は１８００㎜で同じ、車重が40kg軽くなったのは全高がアクティブツアラーの１５５０㎜から１４６５㎜へ一気に低くなっているからである。

つまりアクティブツアラー≒クロスオーバー、１１８ｉ≒クラブマンと考えればいい。これをＢクラスとＡクラスと言い換えてもいいわけだが。

ボンネットの上部にまで回り込んだでかいキドニーグリルに驚いているだけではまだ早い。

このフロントマスクは単に上下に厚いだけでなく、グリルとヘッドライトを薄いゴム膜で作っといてフロントノーズにかぶせ思い切り後方に引っ張ったように前後にも長いのだ。

フロントノーズの推定約半分がフロントマスクか（ウソ）というこの巨顔に組み合わせるのは、後端に行くほど跳ね上がっていくサイドウインドウ下端のショルダーライン。

このスタイリングがミニクロに毛が生えた程度の４３３５㎜ぽっちの全長を一瞬５・５ｍにも見せるのである。

これぞ「秘伝：遠近の術」、世界を震撼させたあの3代目Ｗ１７６＝Ａクラス（２０１２〜18）の「顔面ドップラー効果」の再来だ。

真面目にメジャー片手に計り始めると、フロアからシート前端までの高さがフロントの平均値２５０㎜に対してリヤが３１５㎜と後席着座位置が約65㎜も前席より高く、後席からの前方見晴らし性が非常にいい。座面↕天井高さは９０５㎜と人類最低ラインをぎりぎり死守（Ｃセグ平均９３０㎜、最低ボルボＶ40＝８９０㎜）、前後に座って前席背もたれから膝まで23㎝、前席下には靴のつまさきが深く入るし、天井から回り込んで上下に薄眼を開けた面妖なサイドウインドウも、いざ座ってみるとガラスの前方下端の見切りがフロアから７５０㎜と低めなので斜め前方視界はしっかり確保できている。

下端見切りまでガラスがきっちり全開するのも気分がいい。

トランク床下には９００×６７０×１５０㎜の浅いが広いもの入れ、容量はＶＤＡ３８０ℓでゴルフⅦと並ぶＣセグ最大級だ。前席に座ってボンネットの色が太いストライプに見えるまでハイトをあげても、ステアリングコラムはなんとか追従してきてドラポジ完璧、しかもメーターもナビＴＦＴのヒーコンパネルも総員しっかりこっちを見てる。

着座位置に対して非常に上下に薄く、高めに座れば屋根がはるか下方低くにくるこのインパネは、差し込み風ナビ画面をドライバー視線に向かってやや内向き+やや上方に無理やり捻ることによって全体形が３次元的に歪んだ（ような）デザインであって、ＢＭＷ他車はおろか、昨今の自動車インパネの中でもかなり秀逸な出来だ。

思い切り叩いてみるとだん、ごん、ばんとＣセグにしてはなかなか悪くない。

ドア内張りどうか。

ずん、ずん、ずんだ。これは相当いい。ＥセグＦセグなみにカネも知恵もかかってる。

メジャー片手のいんちき測定でもかれこれ200台以上やれば測った瞬間に「まともな数字」と「異常数値」がわかってくる。

いつも通りざっと50カ所測ってこのクルマで唯一首を傾げたのは、シート座面幅が全車平均を30㎜も下回る470㎜しかなく、シートとドアの内張りの間に転落しそうなことくらいだった。ミニクロでは500㎜、ミニ4ドア/クラブマンはたっぷり530㎜もあったのだから不思議だが、ともかく顔面ドップラー効果の第一印象に反し、クルマのパッケージはいたってまっとうだ。

奇跡の名車先代BMW118iを失った地球にもまだ一途の望みはあるのか。乗ってみる。

118iに乗る

試乗車は118iの中間グレード「プレイ」=375万円（無印は335万円、Mスポで413万円）。

車台番号：WBA7K320807E17431（レーゲンスブルク工場製）、車検証記載重量1410kg（前軸830kg/後軸580kg）=58・9：41・1、ブリヂストンTURANZA T005☆（ポーランド製/ランフラット）205/55‐16。空気圧は前260kPa、リヤ230kPa指定のところフロントが270kPaだったが、このまま乗ることにした。走行距離は出発時4622㎞である。

とにかく視界がよくドラポジがよく室内がクロスオーバー車のように上下に広いので気持ちがいい。

フロアに高く座って、膝の上にインパネを乗せ、小さなメーターナセルを上から見下ろすこの感じは、殿堂に輝くあのＢＭＷ２００２を思い出さないでもない。

なんかへんなのはドアミラーのステーが妙に長く、左右に大きく突き出しているだけでなくてなぜか手前にも迫っていることだ。ミラー面が近すぎて目のピントが一瞬合わない感じがする。測ってみるとミラーtoミラーの車幅はＣセグ平均を大きく超える実測２０８５㎜もあって、いくらなんでも邪魔すぎる。

３７０㎜径のステアリングはやたらグリップが太いが、柔らかくないのだけは多少の救いだ。パドルはついてない。

走り出しから操舵力はしっとり重く、適切な反力が返ってきて接地感はなかなかいい。

ストラットの曲げモーメントを減らしてダンパーの効きのレスポンスをあげるために前輪のキングピンアングルを大きくすると、自重モーメントで操舵がセンタリングする作用も強くなるので低速走行時でも操舵反力が高まるが、これはまさにその感じだろう。パーキングスピードでの操舵感のひどさでは定評がある低速逆相操舵４ＷＳ（＝通称「小回りくん」）付きの5／6／7／8シリーズとは雲泥の差である。

１・５ℓターボ3気筒B38A15A型は、ミニでいうところのクーパーのチューニングにほぼ等しい１４０ps／２２０Nm仕様だが、おなじエンジンとは思えないくらいアイドリングでもタウンスピードでも静かだ。エンジン音だけでなく振動の伝播もほとんどゼロ、もちろんアイシン8速横置きＡＴもいつもの通り大変躾がいい。

「いえ福野さん、これ7速ＤＣＴです。たぶんゲトラグＰｏｗｅｒＳｈｉｆｔです」

なにい。まじか。これでＤＣＴか。

ロードノイズも低いし外部騒音もよく遮断していて車内の会話明瞭性は抜群、重い遮音材主体の防音のせいか車重は軽くはないが、おなじエンジンのクラブマンより20kg軽くてこの静かさは素晴らしい。間違いなくアクティブツアラー＝384万円より静かで、現状１／２シリーズで完全に下克上が生じている。

常設悪路試験路＠麹町警察通りを走る。

うねりに対するダンピングが非常によく、ブレーキング時のノーズダイブが極端に少なく、フラットで安定した乗り味だ。

ただしタイヤの上下動に伴ってショックとともにぼこん、ばこん、どたんとフロアが鳴るのはロングシャシのミニそのもので、防音がよく静粛性が高いだけに逆にぼこぼこ、だこどこと目立つ。

萬澤さんによるとリヤでは入力によっては金属同士がきしるような構造的な異音もしているらしい。

霞ヶ関ランプから首都高速・環状線内回りへ。

「コンフォート」のままでも加速のつきは大変いい。

素早くショックレスに架け替えるＤＣＴの制御も文句なし、これはもうアイシン６速／８速ＡＴと区別がつかない。スムーズな架け替えときめ細かい変速制御においてＡＴにここまで迫ったＤＣＴは初めてだ。

Ｂ型エンジン搭載Ｆ56ミニの登場からなんだかんだでもう7年たったが、あまりの出来の悪さにあきれたＢ型横置きモデルもさすがに熟成が進んだ感がある。

新型車にありがちな完成度の低さみたいな印象がこのクルマにはほとんどない。4〜5年作って改良を重ね、完成の域に達したモデル末期のクルマに試乗しているような雰囲気がある。

新型車が出た瞬間からどのクルマに乗ってもおしなべて完成度が高かったのはBMWでは遠く20世紀の出来事だが、なんだかひさしぶりにそういう体験をした。

3シリーズのショート版であるFRの1シリーズ（F20）のマイチェンのときに、おそらくN13B16＝1・6ℓに変わるニューエンジンが3気筒B38A15しかないというだけの理由で、これ縦置きにしてZF8HPと組み合わせて積んだら、なんと神スポーティカー＝118iが降臨、こんな凄いものを300万切って売ってしまったという掟破りあとなので、ここでまさかあんまりひどい横置き118iも出せなかったのかもしれないが。

逆回りのタコメーターだけはひどいが、これは1シリーズだけの責任ではないから今回は追及しないでおく。

湾岸線でしんどかったのは操舵支援だ。

車線を逸脱すると強制操舵してえいっと引き戻すのだが、教官が助手席から手を伸ばして切ったくらいそのトルクは強く、かなり驚く。

もともときびきび系の操縦性のクルマ（後述）だから、このときの車両の反応も大きく、逸脱の具合次第では「あおり運転」の誤解も受けかねない急激な動きだ。

後席に座ってる萬澤さんには関係ない話かと思ったらそうでもないらしい。操舵支援が入るたびにぐらっと大きく揺れて「うげっ」となるという。

萬ちゃんはこれを「重心高が高いのにロール剛性が低い感じ」と表現したが、実はちと逆だ。

大黒ＰＡで運転を代わって後席に乗ってみた。

操舵支援が介入しなくても、萬澤さんがステアリングをちょっと切るたびに確かにリヤではぐらり大きく横揺れがくる。路面のうねりにあおられてリヤサスが大きくストロークすると、それにも呼応して横揺れがともなう。ＢＭＷミニ伝統の後席乗り心地そのものだ。

ＢＭＷミニが初代から使ってきたトレーリングアーム式リヤサスは、セミトレの発展版として１９８９年の高級ＦＲスポーツカーＺ１で初めて採用し、その後Ｅ36／46時代の３シリーズやＺ３、初代〜２代のＺ４などに使ってきたセントラルアクスル式マルチリンクをＦＦ用に改良したものだ。

ジオメトリー的には巨大なセミトレーリングアームと等価で、ＦＦ用では左右４本のアームの車体側取り付け部を高くし瞬間中心とロールセンター位置をあげ、制動時アンチリフト率を稼ぐとともにアンチロール率を高めている。

ＦＦ車でリヤのロール剛性をあげればコーナリング中のリヤの左右荷重移動量が増え、相対的にフロントの左右移動分担が減るため、前輪のトラクションが上がる。

したがってアンチロール率を高くしたことについてはミニのリヤサスのねらいはこれで正論だ。

しかしここまでマウント位置をあげると、ロールセンター高さとその変化量で決まるバウンド／リバウンド時のトレッド量の変化＝スカッフ変化量がかなり大きくなる。

スカッフ変化が大きいとロールの過程でリヤ外輪を外に蹴り出すような動的スリップアングルが付加されるため、クルマの挙動がさらに俊敏になるという面もあるが、その背反として路面のうねりなどでサスが上下動したときも横揺れが生じる。

したがってこのサスのクルマの後席に乗ると、操舵と上下動にともなって常に後席が上下左右に振り回される感じがするのである。ロール剛性が低いからではなく、その逆ということになる。

ＦＦスポーツカーのアシとしては悪くないが、乗用車的なシステムとはいえない。またミニのアシとしてならなんとか納得できるとしても、そのままＢＭＷにまで使いまわしたのはケチ過ぎる。この結果ＢＭＷ横置きＦＦは「後席なんて乗れたもんではない」というクルマになってしまったのだ。

しかしそれを含めても横置き１１８ｉ、悪くない。

全般に完成度、洗練度は高く、操縦性の思い切りとドライバビリティの良さではマツダ３には負けているものの、パッケージとインパネでは勝っている。当然Ａクラスには圧勝、モデル末期のゴルフⅦの３７０万円級ＴＳＩハイラインと比べても、インテリアの完成度と質感では１１８ｉが上だ。

３気筒を一切感じさせない、なかなか出色の出来ではないかと思う。

神１１８ｉを買った方だけはまだまだ買い替えは考慮しなくていいと思います。

M135iにも乗ってみる

せっかくの機会だから高性能版M135iにも試乗してみた。「35i」ネーミングはこれまで6気筒車専用のタイトルだったが、本車はB型2ℓ4気筒ターボ（B48A20E）のハイパワー版を搭載する。

306ps／450Nmというスペックはジョンクーパーワークスに搭載している仕様と同じ、変速機はアイシン8速AT、フルタイム4WDである。

価格は630万円でクロスオーバーのジョンクーパーワークスより27万円高い。同じ「35」名を語るメルセデスAMGのA35は306ps／400Nm／1570kgで634万円だから、ぴたりぶつけた車両設定だ。

421ps／500Nm／1640kgのA45S＝798万円には「M1F（仮称）」でも作って当てつける予定かも。

試乗個体はVIN：WBA7L120X07E18534、車検証記載重量1580kg（前軸940kg／後軸640kg）＝59・5：40・5、タイヤは118iと同じポーランド製TURANZAT005☆の225／40‐18サイズ。270／220kPaの規定圧に対しリヤだけ230kPaに上がっていたが、このまま乗る。

シートはハイバックの布張りスポーツタイプで幾分座面の幅が広くなり（実測値500㎜）、ランバーの調整機構も入って腰の面圧もあがって座り心地はいい。どうにも好みでないのはさらに太くなったステアリングだ。いっときのMスポーツ用ぶにょステほどではないにせよ、表層部がねちゃっと柔らかくて、腐った大根を握ってるみたいだ。本質的に機械を操作する感触ではなく、気色悪い。

始動すると地下駐車場にぶほーん、ばりばりばりと下品な排気音が轟いた。近所迷惑だ。

むかしのBMWは上品なスポーティサルーンのイメージのブランドだったが、AMGに引きずられてスポーツモデルの品性をどんどん下げてきたのは悲しい。ベンツは1920年代から基本的に下品なクルマなので、AMGはあれでなかなか御誂え向きだと思うが。

フロントで110kg、リヤで60kg重くなっているだけあって、乗り心地はさらにどっしりして重量級。

4駆化したクルマの常でフロアやリヤアクスル周りの剛性感が先ほどより1段あがっている感じだ。こちらは可変ダンパー付きだが「コンフォート」では引き締まってはいるものの硬すぎないという絶妙のダンピング設定で、走り味はなかなかフラットである。

ハーシュもさきほどより強くはなっておらず、225／40‐18サイズのランフラを楽々履きこなし、むしろ乗り心地は全般に118iよりも上質だった。下品は音だけらしい。

心底感動したシビック・タイプRに敬意を表し、首都高速2号線を走ってみることにした。

「コンフォート」ではアクセルレスポンスはマイルドだが、踏み込むとリッター150馬力とは思えないレスポンス。スペック上は1750rpmで最大トルクに達することになっているが、2000rpm以上回っていれば踏んだ瞬間にインターセプトする感じでパワーがもりもり立ち上がる。

それでいて荒々しい音や特性は一切見せず、エンジンの振る舞いは洗練されている。

なかなか素晴らしい。

あんまり素晴らしくないのはステアリング感覚だ。

中立から反力感があって悪くないが、なぜか切り込むにつれて操舵力が抜ける感じがして、コーナリング途中で進路が定まらなくなる。こういうフィーリングは非常に珍しい。進入で舵角一定、そのまま何があっても舵角をキープしたまま見事にコーナーをクリアしていくタイプＲのあの超絶快感ハンドリングには遠くおよんでいなかった。ちなみにタイプＲは３２０ps／４００Nm＋６速ＭＴだが２駆、車重１３９０kgでＭ１３５ｉより大幅に軽い。タイヤは２４５／30-20だ。

若干弁護すると、このＭ１３５ｉは試乗車個体のコンディションがあまりよくなかった。

走行距離は試乗開始時点で４６２２kmだが、試乗前点検ではタイヤがかなり減っていることを確認、とくにフロントは外側のトレッドが３分の１ほどに磨耗した状態だった。

実はＡＴの懸け替えも若干不調で、タウンスピードでは変速した瞬間に再変速するなどの怪しい挙動を何度か示したし、首都高ではキックダウンさせるとシフトアップしなくなるなど、不調気味だった。どっかのアホがまた異常な運転でもしたのだろう。

このクルマは「スポーツ」にセレクトすると劇的に変わる。

エンジンのレスポンスが上がり、排気音がぼーがー吠え、ステアリングが中立から異様に重くなり、ダンパーが強烈に締め上がって段差やうねりで跳ね飛ぶ感じ。

スポーツモードというよりはサーキットモードなのだろうが、公道ではどっちかというと「自爆スイッチ」に近いから、なるたけ触らない方がいい。

2号線の上りは後席に乗ったが、「コンフォート」ならリヤの乗り心地はFFの118iよりいいくらいだった。上下左右に振り回される感じはかなり少ない。

ただし衝撃的な入力が入るとフロアが響いて鳴って若干構造的にきしむ感じはまったく同じだ。

FF1シリーズ、最初から熟成度が高いのが大きな評価点だ。

この10年、登場したてのBMWというのはおしなべて完成度が低く、車種によって出来栄えに大きなむらがあってなかなか人様に気楽にお勧めしにくいクルマだったが、本車は最初から完成している。

ミニもここまで熟成すれば悪くない。

項目別ベストワースト 2020

福野礼一郎 選定

「重くなりましたが進化しました」はすべて詐欺です

(2020年になってから試乗車数が極端に少ないので基本的には2019年版の改訂版です)

- □ 現行生産車が評価対象です
- □ 2019年改訂版ですが、ここ数年の評価です
- □ 理由は長くなるので解説していません。すみません
- □ グレード明記の場合はそのグレードのみの選定です
- □ ２車併記は同格１位です
- □ 乗ってないクルマ、貸してくれないクルマ、生産終了車は評価外です

2020年、期待を上回る出来だったクルマもしくはアイテム

■テスラ・モデル3……スピードとは非力の代償であることがよくわかる

■マツダ3……………FFのセオリーをひっくり返す操縦安定性

■ベンツGLA220d…………Aクラスの汚名挽回、パッケージと剛性感とDCT秀逸

2020年これ以上馬鹿なものはない ワースト中のワースト

■空飛ぶクルマ

…………………………

浮くだけで1G推力を浪費、世界の願いに
逆行するエネルギー超無駄遣い

2020年クラス別ベスト車（2019年改訂版）

■Aセグメント……ルノー トゥインゴ
■Bセグメント……シトロエンC3
■Cセグメント……マツダ3（1・8DTしか乗ってないが）
BMW118i（横置きFF→完成度高く悪くない）
■Dセグメント……BMW330i（及第。Cクラス／A4よりずっといい）
■Eセグメント……ベンツE220d（セダン／ワゴンとも）
■フルサイズセダン……ベンツS560ロング（2017マイチェン後モデルのみ）
■リムジン……乗ってないからわからない
■軽自動車……スズキ・ジムニー（神自動車級）
ダイハツ ミラ イース
■スモールスポーツカー……マツダ・ロードスター（MTのみ）
ケータハム・セブン（160／270）
■ミドルスポーツカー……VW eゴルフ（いや真面目にRよりスポーツカーです）
■箱スポーツカー……シビック・タイプR（日本の誇り級）
■アッパースポーツカー……マクラーレン650S
■スモールSUV……スズキ・ジムニー（軽のみ）
■ミドルSUV……ベンツGLA220d
ジープ・ラングラー（「アンリミテッド・サハラ」のみ）
■アッパーSUV……ベンツGLE400d（いいけど重すぎ）
■スモールミニバン……ダイハツの軽ミニバンのターボ車
■ミドルミニバン……乗ってないからわからない
■アッパーミニバン……ベンツV220d

2020年部門別ベスト（2019年改訂版）

■25年間登場を待ってた神スーパーカー…………GMAT・50

■最高の加速ジャーク…………………………テスラ全車（乗って踏めばわかる）

■ベストパワートレーン………………………テスラ・モデルS用三相4極AC誘導モーター、モデル3フロント用永久磁石シンクロナスモーター（PMSM）

■内燃機ベストパワートレーン（横置き）………ダイハツKF型直列3気筒658㏄ターボ（これをぜひ全国統制型軽発動機に）

■内燃機ベストパワートレーン（縦置き）………マクラーレン・リカルドM838T（の低出力バージョン）

■ベストバランスタイヤ………………………各社19～20インチ。BSのSUV用ALENZA20インチ（ポーランド製）もなかなか

■内燃機用ベスト変速機………………………神AT：ZF8HP（いまだ誰もかなわない）

■クラスレベルを大きく超えるインテリア質感…マツダ3（後席居住性除く）

■最高ナビシステム……………………………テスラ・モデルS（いまだ誰もかなわない／モデル3は大幅劣化）

～2020年、
多いなる期待ハズレと最低の出来ばえ
（2019年改訂版）

■期待ハズレだったニューモデル①……………アルピーヌA110

■期待ハズレだったニューモデル②……………BMW Z4

■期待ハズレだったニューモデル③……………C3エアクロス

■ここ5年でもっとも失望したフルモデルチェンジ…ベンツAクラス、VWポロ、BMW5シリーズ

■期待ハズレだったニューエンジン……………モジュラーエンジン全部（特にBMW B型6気筒）

■自動車登場以来最低の計器……………反対回りタコメーター（プジョーとそれを真似したBMW）

■自動車登場以来最低の操作装置……………D型ステアリング

■この50年でもっとも最低な操作系人間工学……プジョー「i-Cockpit」とベンツほぼ全車

■内燃機用ワースト変速機……………この世全部のCVT

■クルマ世界のくだらないトレンド①……………空飛ぶクルマ（アホか）

■クルマ世界のくだらないトレンド②……………空飛ぶクルマ（バカか）

■クルマ世界のくだらないトレンド③……………空飛ぶクルマ（冗談か）

■クルマ世界のくだらないトレンド④……………自動運転（人間にはむいてない）

クルマ選び鉄則（2019年改訂版）

■軽量化こそクルマすべての正義である
「重くなりましたが進化しました」はすべて詐欺です

■浮くだけで1G推力を浪費する
空飛ぶクルマの欺瞞にだまされてはいけない

■いまこそブランド信仰をすて、機械工学信仰に帰依すべし

■クルマはショールームで判断せず、
乗って走ってスペックと見比べて判断すべし

■試乗の際はセールスに運転させ、必ず後席に乗って
乗り心地と騒音チェックすべし（前席とは別世界）

■乗り心地が際立つ悪路をいくつか覚えておき、
試乗では必ずそこを通るべし

モーターファン ロードテスト

現在の視点 1

トヨタ ソアラ2800GT

モーターファン ロードテスト再録
トヨタ ソアラ2800GT
□https://motor-fan.jp/tech/10013797
□https://motor-fan.jp/tech/10014185

座談収録日　2020年1月25日（土）

出　席　者
自動車設計者 …… 国内自動車メーカーA社OB　元車両開発責任者
シャシ設計者 …… 国内自動車メーカーB社OB　元車両開発部署所属
エンジン設計者 … 国内自動車メーカーC社勤務　エンジン設計部署所属

福野　では簡単に自己紹介をお願いします。

自動車設計者　1978年に自動車メーカーAに入社、ボディ関係およびシャシ関係の設計を歴任したのち車両企画に配属され自動車の開発に携わってきました。車両開発の総責任者（「チーフエンジニア」）を務め、2017年に定年退職しました。この座談では「自動車設計者」と称します。

シャシ設計者　1976年に自動車メーカーBに入社し、おもにサスペンションの設計などを担当、車両開発部門で車両の開発を担当していました。2015年に定年退職し、現在は内外の自動車メーカーなどから企画・設計業務などを受注するエンジニアリング会社の顧問をしています。「シャシ設計者」と表記してもらいます。

エンジン設計者　現役でエンジンの設計をやってます。「クルマの教室」にもある期間参加させていただいていました。入社は1988年、これまで乗用車用およびレーシングエンジンの設計に携わってきました。ここでは「エンジン設計者」ですが、どっかのスクープ雑誌のやらせ座談会とは違って実在の設計者ですのでよろしくお願いします（笑）。

「ロードテスト」の概要

福野　本記事は2016年から2018年にかけて隔月間で刊行していた「モーターファン」誌に連載していた記事（本書シリーズ「福野礼一郎のクルマ論評3」および「4」に収録）のいわば続編です。前段では60年代のスポーツカーに焦点を当ててトヨタ２０００ＧＴ、コスモスポーツ、ＰＧＣ10のＧＴ‐Ｒ、Ｓ30のＺ、ベレットＧＴＲ、ギャランＧＴＯ、初代セリカ／カリーナ、65年最初期ポルシェ９１１、そしてトヨタＳ８００の順にエンジニアの方々と座談を行ってきましたが、ここからは80年代車を１車ずつ紹介していきます。第１回はトヨタ・ソアラです。当時のふたつの資料を参考に使っています。ひとつは１９２５年に創刊し戦時中の中断をのぞいて１９９６年まで毎月刊行していた自動車雑誌「モーターファン」、ここに当時毎号掲載していた「ロードテスト」という新型車のテスト記事。こちらに関しては本稿添付のＱＲコード（本書２１３ページ）で該当ページをご覧いただけます。もうひとつは１９８１年2月にトヨタ・ソアラを第１弾として刊行され、今日までの40年間で６００冊近く続いてきた「モーターファン別冊・ニューモデル速報」いわゆる「すべてシリーズ」です。こちらは電子書籍として株式会社三栄から発売されていますので、ご興味ある方はｗｅｂからご購入ください。

80年代の日本車とソアラ

福野　まず自動車にとっての80年代という時代背景を簡単に振り返ってみますと、１９６０年代後半になってクルマ社会の拡大発展とともに「交通事故」や「大気汚染」が社会問題化し、その対策としてアメリカでＦＭＶＳＳとマスキー法が相次いで法整備化されました。自動車メーカーに対して技術的な解決策が義務づけられたわけですが、１９７３年に勃発した第１次石油ショックでそこに「エネルギー問題」という新たな商業的要求がのしかかった。ここからいまに続く「衝突安全」「排ガス」「省燃費」という三つの設計的テーマに自動車は対処していかなくてはならなくなります。その一方で国情に合わせて車両企画そのものが小型・軽量・小排気量だったためアメリカ車に比べれば燃費がよかったという理由で、日本車が北米市場で一躍脚光をあびて売り上げを倍増、それまで二流自動車の座に甘んじてきた日本車が漁夫の利を得て主役に躍り出るという市場変化も生じました。このとき日本の自動車メーカーが偉かったのは、北米の販売増加で得たその資金を70年代を通じて「安全」「排ガス」「省燃費」の技術開発投資につぎ込んだことです。その成果、ビッグ3が断行した自動車小型化への挑戦＝カーステレオのサイズから作り直す「グレートシュリンキング」の成果が世に出はじめた70年代後期には、日本車はすでにかなり高い技術力を身につけるようになっていました。そして80年代、時ならぬ好景気の上昇気流に乗って日本車はその技術力を基盤に「商品力向上」という新たなステージに躍り出ます。ＤＯＨＣ４弁、ターボ、４ＷＤ、４ＷＳ、電制、リクリエイションカー、ライトスポーツカー、超ＮＶ対策など、日本車は新しい自動車技術や車両企画を世界に向けて次々に発信しました。本座談のメンバーの皆さんは当時気鋭の設計者としてまさにその渦中からこれらを逐一目撃・体験されてきた。いろんな意味で非常に面白い時代であった反面、いささか調子に乗りすぎた展開がその終端の局面においてバブル景気とともに崩壊することにもなるわけですが、次々に新技術を開発し未熟なまま実車搭載して市場に投入、あらずもがなの車両企画を繰り出して車種数をやたら増やしスケールメリットに乗っていたずらに販売競争を繰り広げ、馬力競争とスタイリングの饗宴にひたすら踊るというその軽薄な様は、そのままそっくり１９５０～60年代のアメリカ車、そして21世紀になってから現在に至るヨーロッパ車の姿にも当てはまります。80年代日本車をいま振り返るのは、結局だれもが状況次第で陥る愚かな狂乱文化への反省の意味も込めています。

エンジン設計者　私はまさにバブルの絶頂期に入社したわけですが、エンジンにせよシャシにせよ技術的に新しいデバイスがどんどん出てきてマスコミで脚光を浴び、お客さんもそれにも飛びついたという一方で、基本骨格の改良などといった自動車技術の根幹に関しては「カネの取れない案件」として案外疎かにされていた時代だったという印象が強くあります。いま思うとそれ以後の日本車の悪しきクルマ作りが定着してしまった時期でもあったと思います。ですのでこの記事では「反省」の部分をぜひクローズアップして欲しいです。

シャシ設計者　私も設計の現場から白々しい気持ちで80年代バブルの日本車を眺めていました。調子に乗って車種数を拡大し、崩壊までの10年間で車種数が3倍にもなったという点では間違いなくあの10年は「日本車のカンブリア大爆発」でしたね。

ソアラの概要とイメージ

福野　ソアラは1981年2月27日にトヨタ自動車が発表・発売したパーソナルカーで、1970年10月に発表した初代セリカ以来10年ぶりの2ドアクーペ1車型という贅沢な車両企画のクルマでした。最大の話題は排ガス対策の開発過渡時期をはさんでやはり約10年ぶりに登場したDOHCエンジン＝2・8ℓ直6の5M‐GEU型。

これを搭載した3ナンバーの「2800GT」はクラウンの上級グレード並みの275万円（4速AT仕様）という高価格でした。170psというスペックは日産のスカイラインGT‐R用のS20型＝160psが生産中止になって以後に導入した145ps自主規制を初めて突破したものです。日本車初の電子式デジタルメーター、スーパーホワイトの塗色なども大きな話題を呼び、5年間で13万台を売って一種の社会現象になりました。当時私は「モーターファン」でフリーライターとして働いていましたが、バブル崩壊後の荒野に立って回想したとき、馬鹿騒ぎの発端はまさにソアラの登場、あのときだったんだなと感じ入ったものでした。

自動車設計者　「145ps自主規制」なんてあったかなあ。記憶にないですねえ。

エンジン設計者　ソアラ登場当時はまだ学生でしたが、オフコースの小田和正が白いソアラに乗ってるという話が話題になって「小田和正のソアラの横に乗りたい」というのが女子の決まり文句でした（笑）。

福野　ちなみにソアラには5ナンバー車もあって、前期型では1G‐EU型2・0ℓ直6・SOHC125psを積んでましたが、5ナンバーのグレード名は「Ⅵ」「Ⅶ」「VR」「VX」でした。これって航空用語の「V速度」ですよね。離陸決心速度＝V1、安全離陸速度＝V2、ローテーション速度＝VR、最良上昇角速度＝VX。

シャシ設計者　そうかソアラ＝SOARER（＝最上級グライダー）だもんね。へー。

自動車設計者　前年の1980年10月に出た2ドアクーペ／4ドアクーペの日産レパード（F30型）というのはごてごてした厚化粧なクルマでしたが、それに対してソアラは外観的にはすっきりして端正な印象でしたね。ただクルマの内容としては技術的にも実際のメカとしても、70年代後半のマークⅡなどの既存のシャシやサスやエ

図1　**トヨタ ソアラ2800GT**

当初シリーズの販売の主力でシンボル的存在だったのが上位から二番目の2800GT。「スーパーホワイト」はこのクルマを機にブームになり日本車の塗色のホワイト比率がさらに拡大した。塗料そのものは関西ペイントの製品。1999年7月に同社で取材したところ「通常の塗装ラインではいろいろなペイントの粒子がライン内に還流してそれが塗装表面に付着するため、いくら純白を塗ってもグリーンがかった色に濁ってしまう。このときは巨額を投じて田原工場の塗装ラインのフィルタリングシステムを整備したことで純白塗装が実現した」ということだった。スーパーホワイトの爆発的人気を見ながら他社が当時数年間追従できなかったのは、これが理由である。クルマの塗装というのはライン設備と一体のシステムだから、ペイントだけで語ることはできまい。

図2　**トヨタ ソアラ2800GT-EXTRA**

発売当初の最上級車2800GT-EXTRAはキャディラックやリンカーンなどのアメリカの高級車を真似た起毛ニットのルーズクッションシートを装備していた。おそらくクラウンの２ドアHTの顧客をターゲットに想定していたのだろう（当時のクラウンは「鬼クラ」こと６代目S11型）。ベンツSLC（R107）を模倣したクオーターウインドウのルーバーも、一般には「ベンツみたいでかっこいい」と好評で「コピーもパクリも当たり前」という当時の日本の文化の民度の低さを反映していた。

ンジンを流用し、その上に「ＤＯＨＣ」やら「商品力」やらのどんがらを乗っけてあたかも画期的なクルマのように喧伝して売っただけのことですから、自動車技術として本質的にとくに見るべきものはないな、と当時から感じていました。それでも各メーカーの商品企画に多大の影響を与えたのですから、確かに福野さんがいうように「80年代という軽薄な時代を先取りしていた」とはいえますね。

福野　いやー最初から手厳しいご評価ですね。

エンジン設計者　初代レパードの4ドアってこれですか（ｗｉｋｉで調べて）。厚化粧というか、その前になんともまあ（ボディ全体の出来栄えの印象が）がたがたのクルマですね（笑）。

福野　自動車雑誌の業界では当時このレパード4ドアのスタイリングが「画期的だ」として非常に評価が高かったんですが、自分では初めて現物を見たときやはり「なんじゃこれ」と思いました。6ライトのキャビンは確かに日本車初でしたが、パネルの突き合わせも各ウインドウもモールもよたよたのががたがたでした。スタイリングは素晴らしくても生産技術がともなわなければクルマはこういうことになるという見本みたいなクルマでしたね。他方写真だと平凡に見えたソアラは発表会で実車見たらすごくきれいだった。パネルのギャップが狭いしドアとモールとガラスがフラッシュだし、レパードとは雲泥の品質感の差でした。

エンジン設計者　もともとトヨタは生技の作り込みのような部分は得意だったのかもしれませんが、クラウンやマークⅡみたいな弁当箱ではそういう作りの良さが目に入ってこない（笑）。ソアラはスタイリングがきりっとしていたせいでトヨタ的な作りの良さが際立って感じたクルマでしたね。スーパーホワイトというあの純白にも

2000GTの再来を感じました。

シャシ設計者　ソアラのチーフエンジニアは確かデザイナー出身でしたね。

福野　岡田稔弘（としひろ）さん。ロードテスト記事にも登場してます。

シャシ設計者　工業デザイン出身だからここまでできたんでしょう。造形的センスが感じられるというか、一種の機能美があります。プレスの歩留まりの悪いフルドアを採用したのも英断です。

自動車設計者　同じデザイナーでも最近の人は「きれいきれい素敵カワイイかっこいい」に会話が終始して取り付く島もない。チーフエンジニアとて通常デザインには口出しは一切許されませんから、「線がどうした面がどうした」のあのアホくさい談義を我慢して聞いてるしかない。

福野　まさにあれぞ苦痛ですね。何時間聞いても

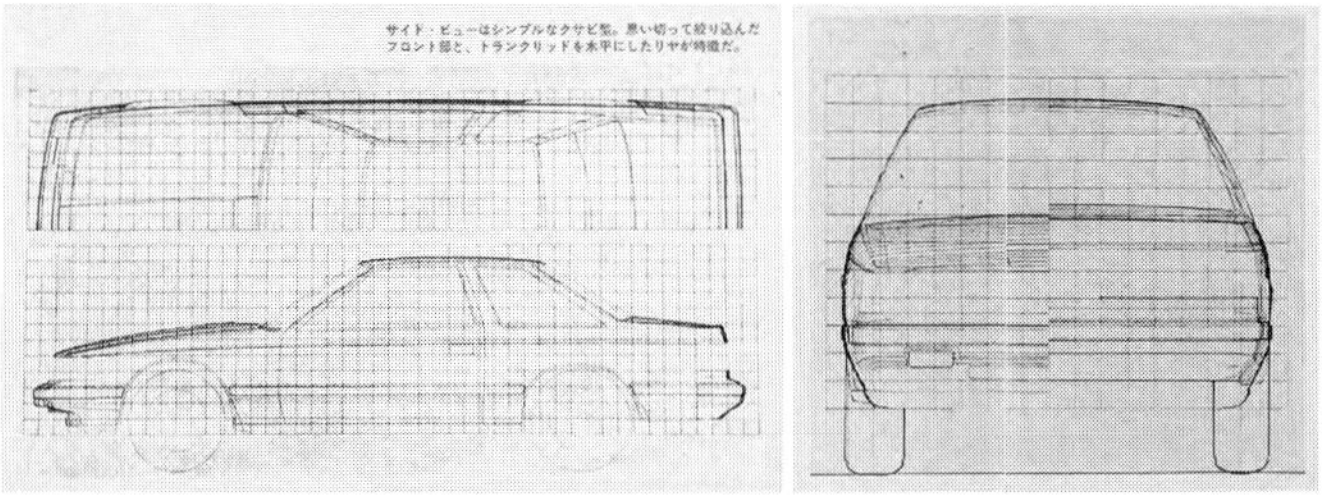

図3　「ニューモデル速報」記載のボディ線図

いまも発刊されているいわゆる「すべてシリーズ本」の第1弾がソアラ。岡田稔弘（としひろ）チーフエンジニアとの対談ページにソアラの線図が掲載されている（14~15ページ）。意味のないうねりやマンガのようなグラフィックがクルマの姿を支配する以前の建築学的な機能美が感じられる。側面、平面、正面といずれもバランスのとれた端正なプロポーションで清々しい。

なにしゃべってんのかまったくわかんないし、第一決定的にどうでもいい。

エンジン設計者　いまこうやってソアラの写真見ても陳腐感はあまり感じません。キャビンがやけに短いというか背が高い感じはしますが、横断面でもサイドウインドウを大きく倒してドア下を絞り込んでなかなかバランスがいい。平面形でもフロントを絞ってますね。当時の日本車はそれこそドアからフロントまで寸胴なのが普通だった。シャシ設計者この時代はまだ工業デザイン的良識が残ってましたが、それがだんだんアホみたいなスタイリングに侵されていくのも80年代という時代だったかも。

陳腐なインテリア

自動車設計者　外観には確かに感心しましたが車内に入るとなんともゴテゴテして趣味悪かったね（笑）。なんだこれはと思ったのはLED式タコメーター。高回転にいくにしたがって表示ドットが荒くなっていって、しかも4000rpmから表示が平坦になっちゃう。これじゃ高回転になると苦しくなるダメなエンジン特性そのもの（笑）。ドライバーの心理的期待にも完全に反してる。なんでこんなデザインにしたのかと当時あきれたのを覚えています。

エンジン設計者　この時代はまだアイドル調整が必要だったから低回転では逆にLEDを細かくせざるを得なかったのかもです。

図4　2800GTのインテリア

本稿座談では外装に比べて評価が低かったインテリア。日本車初のデジタルメーターは44個のLEDを使ったタコ表示と蛍光管を使った速度表示および燃料残量/水温表示だが、グラフィックデザインが素材をこなしきれておらず、当時から「配線基盤みたいで安っぽい」「老眼で見えない」と評論家筋には悪評だった。ヒーコンにフラットパネルの感圧タッチ式を採用したのは手探り操作を強いる悪しき管面操作方式の第1号。

図5　5M-GEU型エンジン

2800GTのエンジンはクラウンなどに搭載していた83×85mm、直6・2759ccの5M-EU型エンジンを2弁ベルト駆動DOHC化した5M-GEU型。自主規制値145psを超える170psというスペックが一般には話題になったが、発生回転数は5600rpmと低く、DOHC化に対する疑問の声も多かった。「ターボかDOHCか」という80年初頭のクルマ文化を代表する低レベル論議はここから始まった。

福野　このクルマから始まった悪しき操作系が、表面をフラッシュにしてタッチパネルにしたヒーコンパネル（実際には軟質樹脂板の下層に感圧スイッチを並べた基盤を内蔵）。

自動車設計者　はい。まあ百歩譲ってスマホとかタブレットはなんだっていいけど、1トンも2トンもあるクルマを高速で運転しているのによそ見しないと操作できない操作系なんて絶対にあり得ない。それこそ「安全性」に関する本質的な問題ですよ。

シャシ設計者　ロードテストの座談の中でミラースイッチの「手探り操作性」に言及してるくらいだから、岡田さんもそのあたりはちゃんとわかってたんでしょうけどね。どうしてこうなっちゃったか。

エンジン設計者　ＥＸＴＲＡという最上級車のシートもこれ、ギャザーが入ってて当時のキャディラックみたいな趣味ですね。

福野　当時モーターファン編集部で「錦糸町のキャバレー事件」というのがありました。レパードの評判の高さにいささかあせったのか、トヨタは発売前のティーザーキャンペーンとして1980年暮れの大阪国際オートショーに「ＥＸ‐８」という名前で生産型ほぼそのままのソアラを展示したんですが、そのときのカラーリングが茶系メタ2トーン外装＋ボルドーのルーズクッションというショー仕様だった。モーターファンの座談でこれを「錦糸町のキャバレーみたいだ」と笑って揶揄してそれを見出しにしたら、トヨタ自販が怒り狂って「広告を全部引き上げる」と。だけどなんと表現しようが単なる主観的感想ですから、そんなもん表現の自由の範囲ですよ。

シャシ設計者　トヨタ自工と自販がまだ別会社の時代か（工販合併はソアラ発売翌年の1982年7月1日）。

福野　トヨタ自販はセールス専門の巨大企業だったから、とにかくなにかと始末に悪かったですね。設計の方であれば要求に対する背反と「最適化」という名の妥協に関して誰よりも痛切にわかっておられるから、痛いところ突くと「まあ確かに」「でもまあそこは」と大人の会話にもなるのですが、セールス会社は「自社製品=神」と真面目に信じてますから、これまたまともな会話は一切不能。

シャシ設計者　ブランド信者と同じで、製品そのものが己のアイデンティティになっちゃってるから、ちょっとでも製品をけなされると人間性を全否定されたくらい激昂するんだよね（笑）。

福野　その怒りをなんとか丸く収めるため当時企画中だった「半分提灯記事・半分カタログ」という「すべてシリーズ」第1弾を急遽ソアラにした。それが80年代の船出。

エンジン設計者　そういうことだったんですか。

続・クルマ雑誌業界夜話

エンジン設計者　「すべて本」に転載されてるソアラのカタログ見て、車両写真の背景にCAD画像が映ったCRTが並んでるんで驚きました。あの時代CADなんてもうあったんですか？

自動車設計者　なかった。例によって広告代理店がそれらしくでっちあげたお絵かきでしょう。

シャシ設計者　でもこのボディの変形モード（図６）なんか、どうみてもこれ本物ですよ。当時の電通なんかには逆立ちしたってこれは作れないでしょう。

自動車設計者　本当ですね。これはＦＥＭを使ったボディのねじり変形モードの解析だな。

福野　Ｗｉｋｉの英語版に「ＭＡＧＩが３Ｄワイヤーフレームソフトの SynthaVision をリリースしたのが１９６９年」「大学におけるＣＡＥ開発をエンジニアリングコンピューティング委員会が承認したのが１９８１年10月」などと書いてあるんで、ちょうど実用化が始まったばかりというタイミングでしょうか。ハリウッド映画でもこのころから黒い画面にグリーンの線画を描いたなんちゃってＣＧがさかんに登場してました（１９８２年の「トロン」、１９８３年の「ウォーゲーム」など）。

シャシ設計者　「配電基盤みたいだ」と評判が悪か

図6　カタログ掲載のCAD画面（1981年発行トヨタ・ソアラのカタログより）

1981年発行トヨタ・ソアラのカタログの2800GT紹介ページの背後のCRTモニターに映っているCAD画面。明らかにこの４点に関してはボディのFEM解析の実際のデータで、ダミー線画の類ではない。当時最新鋭の開発技術をこれみよがしに誇ったのだろう。

ったソアラのあのデジタルメーターのデザインも、実は３Ｄワイヤーフレームモデルのグリッドのつもりだったんだと気がつくと泣けてくる。

自動車設計者　なんであろうとあのタコメーターのデザインは

シャシ設計者　トヨタ自販を激怒させた落とし前として「すべて本」を出した割には、ＭＦＲＴ座談では岡崎宏司さんが「１５０㎞／ｈを境にしてフロントのリフトが気になってくる」「気になるのは低速高Ｇのときのアンダーステア」などと結構ずばり指摘してて編集部も調子こいて支援爆撃してますね。そのあたりの一貫性のなさはなんなんですか。

福野　半分カタログなことからお分かりのように「すべて本」というのはもともとステマで、さすがに制作費まではもらってないと思いますが全盛期は発行部数のうち一定数をメーカーが買い上げてました。ディーラーに行くと値段を印刷してない買い上げ版をただでくれるのに、隣の本屋では２５０円で販売してたなんてことも実際にあった。私も卒業させてもらえるまで丸10年間提灯記事を書きましたからその片棒を担いでたわけですが。

自動車設計者　買い上げてるという話は私も聞いた。

エンジン設計者　いまなら炎上ですね（笑）。

福野　ただのミーハーでしたから腹の中では嫌でしたねえ。１９７６年に徳大寺有恒さんの「間違いだらけのクルマ選び」がベストセラーになって以降、外国車と比較しながら日本車を厳しく論評するのが流行ってたじゃないですか。なので提灯記事書くなんてかっこ悪いなと（笑）。

シャシ設計者　ははは「正義感」ではないわけね。「かっこ悪い」と（笑）。

福野　「言いたいことはなんでも言おう」という空気は雑誌業界にもありましたが、一方で「自動車メーカーとはうまく付き合って広告もらって情報を引き出し、持ちつ持たれつやっていこう」という考えの評論家や編集者も大勢いて、「すべて本」はいわばそういう一派が同じフロアで作ってました。新米はどちらからも便利に使われてました。ただ自動車メーカーもバブル期になってくると辛口評論に対抗して雑誌社に金払って提灯記事作らせるステマを大々的に展開するようになる。これを「ペイドパブ」、隠語的に「タイアップ」と呼んでますが、いまでもファッション誌はタイアップ以外の記事なんか１ページもないんじゃないかな。よく左ページにお店紹介、右ページに広告という誌面がありますが、あれほとんどタイアップですね。ファッション誌のクルマ特集などはステマなことが当時からバレバレでしたが、自動車雑誌では公平な評論記事とペイドパブが混在して区別がつかないような場合も多かったんで始末に悪かった。

エンジン設計者　同じ雑誌の中に辛口評論とペイドパブが共存してたんですか？

福野　編集側がいくら抵抗しても営業が広告出稿とバーターでとってきちゃうんで（笑）。編集長も抵抗できないから一番おとなしい編集者に投げる。なので編集部内でもタイアップとは知らずただの提灯記事だと思ってたなんてこともありました。書いてるライターさえ知らないとか。

エンジン設計者　知らないでどうやって提灯記事書けるんですか。

福野　精神的にも肉体的にもメーカーと癒着してて、提灯以外は絶対に書かないライターを選んで依頼する。

エンジン設計者　精神的癒着はわかりますが「肉体的な癒着」とは（笑）。

福野　広報車をただで長期間貸してもらう、ですね。半年〜1年は当たり前。あと半年使った広報車を大幅値引きで売ってもらうという利益供与もある。これはいまも横行してます。

エンジン設計者　確かにそれは「肉体的癒着」ですね。

自動車設計者　ＭＦＲＴの座談の中で「あちらに行かれて２００㎞／ｈでクルーズされたと思うのですが」という一節が出てきますが、岡崎宏司さんと編集部は実際にクルマをどっかに持って行って乗ったということですか。それもタイアップ？

福野　えー確かこのときは発売直前の時期にトヨタが雑誌媒体と評論家をドイツに招待して、アウトバーンでソアラを試乗させたんでした。ペイドパブとはいいませんが、まあ実質ぎりぎり（笑）。輸入車などではいまでも新車が発売されるたびにこういう海外試乗会をやってます。往復ビジネスクラス、昼間は最新型車をアウトバーンやオートルートでぶっとばして高級ホテルに宿泊、夜は毎晩豪華な夕食会。これに招待されて乗ったクルマをけなせる人間は地球上にいない。

エンジン設計者　岡崎さんはすごいと。

福野　岡崎さんは「評論は評論」という方ですね。メーカーの広報や技術者にもそういう岡崎さんのファンが当時からたくさんいました。面白いもんで提灯野郎は案外どちらの側からも軽蔑されてたりするんですよ。

シャシ設計者　アウトバーンを走った話の流れでボディの空力特性の話が出てきますが、あのころは排ガスが一段落して確かに空力だ空力だと言い始めていたころでした。

自動車設計者　ドイツで政府主導で「21世紀のクルマを模索する」というプロジェクトが始まって、VWとアウディとベンツと大学が産学協同でコンセプトカーを作ったりしてたね（図7）。

福野　「モーターファン」でもJARIの実車風洞に広報車を持ち込んで空力特性を測定するという企画を当時何回か行なっていて、ソアラのMFRT座談の何号か前の1981年6月号ではソアラ、レパード、マークⅡ、ローレル、RX-7、VWゴルフなどを風洞に入れて抗力と前後揚力を計測して記事にしてます。この記事もURL貼ってますんでぜひどうぞ。

図7　VW AUTO2000（1981年のフランクフルトショー出品のコンセプトカー）

1978年に西ドイツ連邦技術研究省の主導で始まった軽量+低燃費車を模索するプロジェクトが「AUTO2000」。VW、アウディ、ベンツ、HAG（Hochschularbeitsgemeinschaft=大学共同事業体）が参加した。写真は1981年に公開されたVW版プロジェクトで、ゴルフIをベースに1.2ℓ3気筒ディーゼル（NAとターボ）を搭載、CD=0.25というデータを標榜した。とくに車体の基本シルエットはその後の2BOX車に大きな影響を与えた。（写真：Wikipedia）

自動車設計者　この風洞実験は無記名のわりには妙に高邁な書き方の記事ですが、結局のところ「CDを下げたってCLが大きいんじゃ意味ない」という当たり前のことをえらそうに書いてるだけですね。

福野　ははは。誰が書いたのかすぐわかる（笑）。

シャシ設計者　抗力低減の話なら1930年代のレコードカーのころから航空機技術の応用としてやってたわけだし、VWビートルの原型のKdFだって高速燃費の向上を目的にCD軽減をちゃんと設計目標にしてた。ソアラのCD値は0・36ですが、1965年発売のトヨタS800はCD＝0・35、1967年発売のNSURo80は4ドアノッチバックセダンなのにCD＝0・355、だから抗力自体は大したことない。ただしソアラはカタログにもCLf＝0・12という数値を出してるしチーフエンジニアの岡田さんも座談の中で「まずリフトを下げ、次にフロントのリフト配分をすくなくすべき」と正論を言ってる。自動車雑誌に教えてもらわなくてもそんなことはわかってたということですよね。

自動車設計者　MFRTで岡崎さんは「日本で超高速の話をすべきかどうか」と前置きした上でやんわりアウトバーンでの超高速の安定性を指摘してますが、匿名の編集部員がドイツ車の比較とか、データではなくて感覚の問題とかなんとか突っ込みを入れてます。風洞実験の記事を書いた匿名さんと同一人物かどうか知りませんが。

福野　いや同一人物でしょう。記事では10行ほどですが実際は設計者や諸先生方を前にべちゃべちゃ独演会をやったはずです。業界でも有名なアホでしたから。

シャシ設計者　でもそれを受けて東京農工大の樋口先生が「人間というのは絶対量に対しては鈍感だが、ジャークのような変化率に対してはすごく敏感だ」とまとめておられるのはすごいと思います。まさにその通り。この時代にそこまでずばり看破されているのには驚きました。

メカ

福野　メカ的にはなにかありますか。

シャシ設計者　サスペンションは70年代の典型的な設計のストラット／セミトレで、コンポーネントもマークⅡ系を改良したもの、新規開発はラック&ピニオンに油圧アシストをつけたということくらい。フロントのキャスター角を4度30分まで倒したということについては座談の中で編集者からBMWはもっと大きいじゃねえかと突っ込まれてますが、確かに私の入社当時はまだ「ストラット

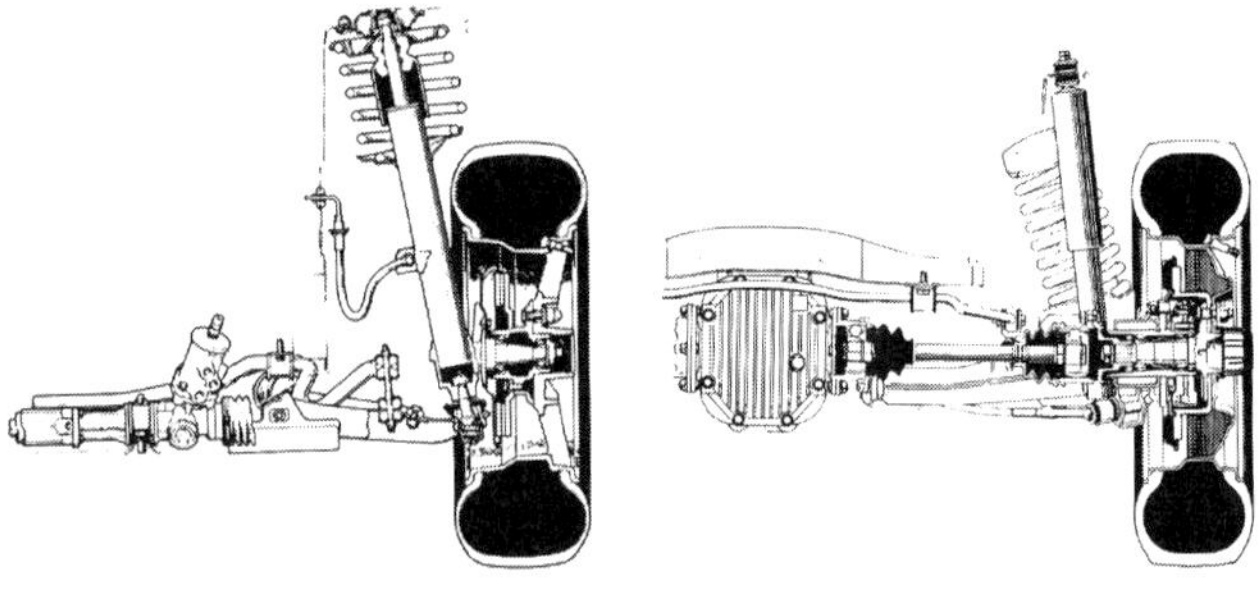

図8　**前後サスペンション（リヤの図版はソアラではない？）**

モーターファン別冊ニューモデル速報第一弾「トヨタ・ソアラのすべて」掲載の図版だが、座談の通りリヤサスはスチールホイル+バイアスタイヤで描かれており、マークⅡ/チェイサー/クレスタの図版と思われる。図上で見比べる限りタイヤ以外に決定的な差異は認められなかったので鮮明度が幾分マシなこちらを使った。フロントサスのばねはまだオフセット式にはなってないが、下端部をピッグテールにしてタイヤとのクリアランスを確保している。トヨタ車としては初めてラック&ピニオンに油圧パワーアシストを採用（回転数感応制御型/トヨタ内製）。ラックのブーツ付近になにやら「ちりとり」状のものが見えるが「石跳ねによるブーツ破損防止のガード」だと当時聞いた覚えがある。

軸上にスピンドルがないとだめ」という固定観念からハイキャスターに反対する設計者が多かったです。

福野　このあとになって側面視で車軸中心よりキングピン軸が後方に配置されるようにしたハイキャスター＋小キャスタートレールのアライメントが出てきて、ドイツ語使って「フォアラウフ（Ｖｏｒｌａｕｆ）」なんて呼んでましたね。

シャシ設計者　図8はかなり不鮮明な絵ですが、ドライブシャフトの内側がバーフィールドジョイント（ＢＪ＝等速ジョイントで揺動のみ可能）、外側がダブルオフセットジョイント（ＤＯＪ＝等速ジョイントで伸縮・揺動可能）のようです。いま見るとちょっと奇異な設計ですが。

自動車設計者　あとハブベアリングも当然ながら内外輪組み立て式の第1世代ですね。片側だけユニット化した第2世代はＦＦからかな。それはともかくこれってリヤもソアラの絵でしょうか。明らかにバイアスタイヤに見えますが。

シャシ設計者　リヤはホイルがてっちんだ（笑）。

福野　すみません、このサス図は当時の「すべて本」からそのまま持ってきたんですが、マークⅡとかのリヤサス図を間違えてそのまま貼ったのかもしれません。ご指摘の等速ジョイントやハブベアリングなどは同じなのでそのまま使わせてもらいます。日本車初のオーバー2ℓ級ＤＯＨＣエンジンの5Ｍ‐ＧＥＵ型に関してはなにかありますか？

エンジン設計者　「ＤＯＨＣなのになぜ2弁？」というもっともな突っ込みが当時からがんがんあったようです

が、いまから考えてみると2ℓ直6の1G-GEU（1982年〜）や1・6ℓ直4の4A-GEU（1983年〜）などの4弁DOHCの設計は当然すでに進行中だったはずで、5M-GはクラウンやマークⅡにも搭載できる「静かな高性能エンジン」として開発したんでしょうから「4弁は4弁でいまやってます」と言えないのは辛いところだったでしょうね。

福野　5M-Gの設計はヤマハじゃなくてトヨタ内製。「クルマはかくして作られる」の取材のときヤマハのエンジニアに聞いたら「当初ヤマハでロッカーアーム系の設計を始めたが、途中からトヨタが引き取って設計し直したと聞いている」と言ってました。

エンジン設計者　ソアラの2ℓ車に積んでた

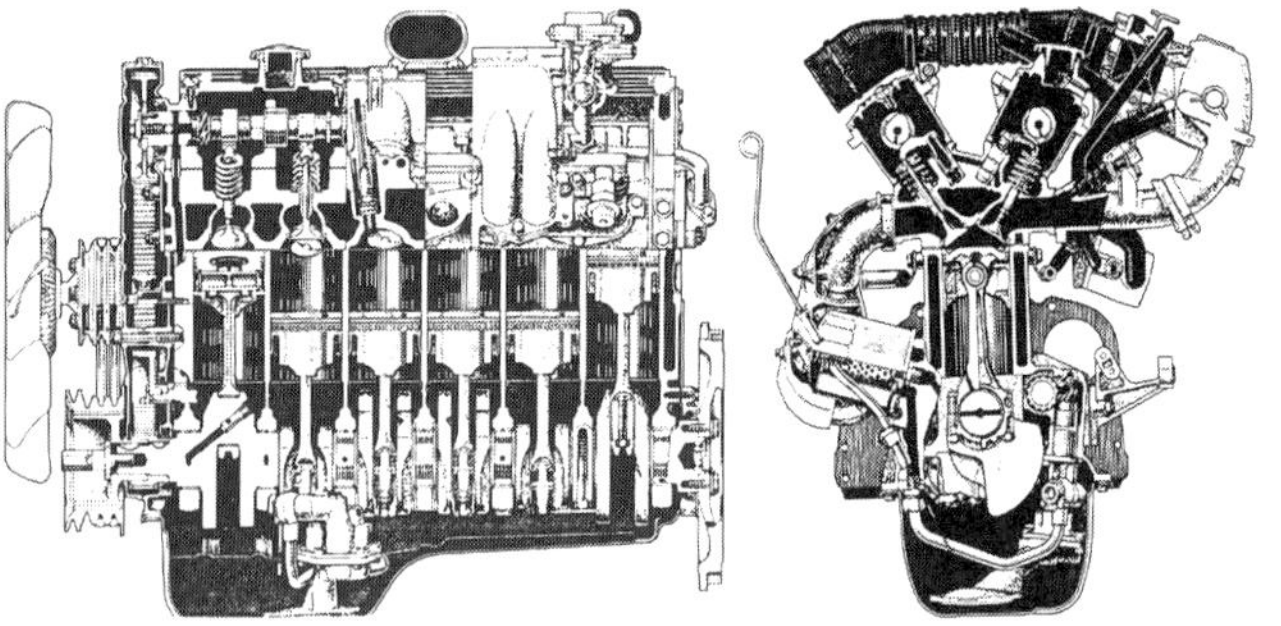

図9　**トヨタ5M-GEU型エンジン**

1965年にクラウン用として登場した直列6気筒M型系のバリエーション。4代目クラウン2600（1971年〜）に搭載した80mm×85mm=2563ccの4M型をへて6代目S11型クラウン（1979〜83年）で83mm×85mm=2759ccの5M-EU型に発展、さらにこれをベルト駆動2弁DOHC化したものだ。第1弾としてソアラに搭載されたが、その後セリカXX（MA61）、6代目クラウン、7代目クラウン（S12）に搭載、さらにストロークを91mmまで伸ばした2954ccの6M-GEU型→7M-GTEU型へと進化した。5M-GEU型は170PS/5600rpm、24.0kg・m/4400rpmというスペックだったが、当時はまだグロス表記である（自動車業界でエンジンの出力表記がようやくネット表記になるのは1985年4月）。

直6SOHCの1G‐EU（前年1980年にマークⅡ／チェイサー／クレスタに初搭載）はこれと同じラッシュアジャスターを同じ向きで並べてウエッジ式燃焼室を作ったカウンターフロー式SOHCでした。

福野　カム駆動がベルトなのも騒音対策ですね。

エンジン設計者　はい。でもエンジン正面図を見るとOHVのカムシャフトの穴に通したシャフトからギヤで落としてオイルパンの中のオイルポンプを回すという旧式のスキュードギヤタイプですから、ここから結構騒音が出てたはずです。

シャシ設計者　正面図だとクランクウエイトがへんな格好ですが。

エンジン設計者　はい。縦断面を見るとウエイトは単純な形状なんで鍛造クランクだと思いますが、120度3スローを2分割型で抜いて、ツイストはさせないという都合なのかなと思います。もともとは75㎜×75㎜の2ℓM型を83㎜×85㎜まで拡大してるんですが、ボアピッチがもうかつかつなのに正面視ではウォータージャケットがだだっ広くて、なんかアンバランスな印象のシリンダーブロックです。

福野　フライホイールがちゃんと斜めになってますね。

エンジン設計者　ね。私もへーと思いました。

自動車設計者　正面視でエンジンが数度左に傾いてるでしょう。ラインの搭載のときの都合とかでしょうが、なんで輸出しないクルマなのにステアリングのインタミシャフトが通る側にわざわざエンジンを傾けるかねえ。当時のBMWなんかはちゃんとインタミシャフトと反対側に傾けてましたよ。

エンジン設計者　搭載要件についてはエンジン側も吸排気の取り回しとか補機の配置とかの制約を受けますからおあいこですが。

福野　当時世間一般で脚光を浴びたほどには設計的に新味がない「デザインと企画のクルマだった」ということですね。お話をうかがっていて、初代ソアラはバブルへの出発点だっただけではなく、現在につながる日本車の出発点だったのかもしれないような気もしてきました。

初代ソアラ（Z10型）2800GT

全長×全幅×全高：4655×1695×1360mm

ホイルベース：2660mm

トレッド：1440mm/1450mm

車両重量：1300kg
（前軸710kg／後軸590kg：2800GT 5MT車 MFRT実測値）

前面投影面積：1.86m²（写真計測値）

燃料タンク容量：61ℓ

最小回転半径：5.5m

MFRT時装着タイヤ：ミシュランXVS 195/70HR14（空気圧前後1.8kg/cm²）

5MTギヤ比：①3.285 ②1.894 ③1.275 ④1.000 ⑤0.783

最終減速比：3.727

MFRTによる実測性能（5MT車）：0-100km/h 8.6秒　0-400m 16.1秒

最高速度（リミッター解除）：204.8km/h

当時の販売価格

5M-GEU搭載2800GT：275万円（4AT）／266.7円（5MT）

1G-EU搭載2000VX：236万円（4AT）／226.8万円（5MT）

発表発売日：1981年2月27日

1981年2月〜1986年1月の累計生産台数：約13万2100台（平均2240台／月）

モーターファン・ロードテスト（MFRT）

実施日：1981年3月23〜30日

場所：日本自動車研究所

モーターファン ロードテスト

現在の視点 2

いすゞ ピアッツァ

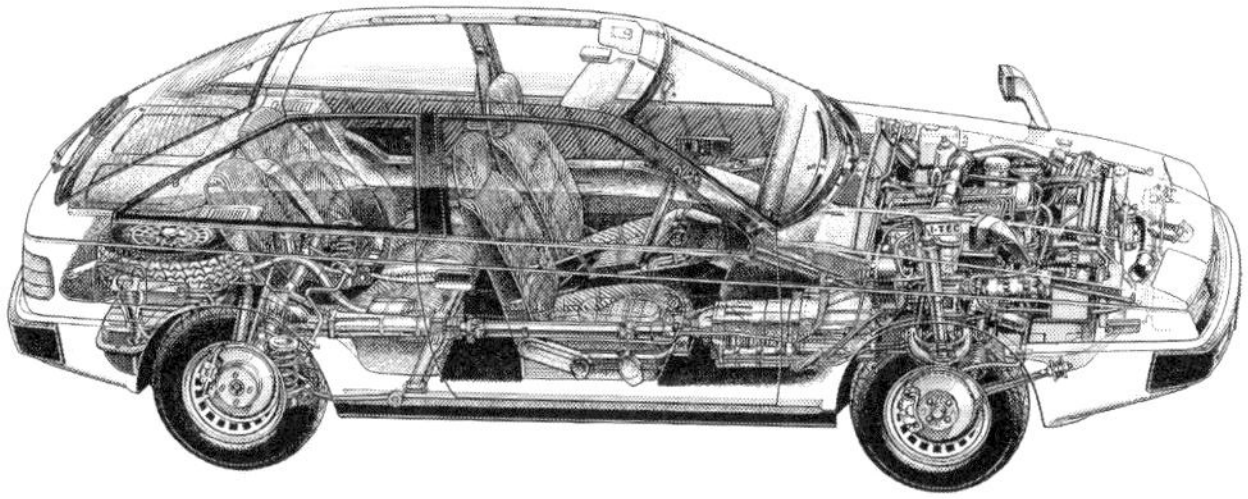

モーターファン ロードテスト再録
いすゞ ピアッツァ
□https://motor-fan.jp/tech/10014634

座談収録日　2020 年 2 月 22 日（土）

出　席　者	自動車設計者 ……	国内自動車メーカー A 社 OB　元車両開発責任者
	シャシ設計者 ……	国内自動車メーカー B 社 OB　元車両開発部署所属
	エンジン設計者 …	国内自動車メーカー C 社勤務　エンジン設計部署所属

福野　80年代日本車を振り返るエンジニアとの座談・第2話はいすゞピアッツァです。参考資料として１９８１年10月号のモーターファン誌掲載ロードテストをｗｅｂにアップしてもらっていますので前ページのＱＲコードからご覧ください。当時のカタログが収録されているモーターファン別冊「いすゞピアッツァのすべて」には本書発売元から電子版が販売されてます。

１１７クーペ→ピアッツァ

福野　最初に車両概要です。あえて前史の１１７クーペから申し上げますと、当時乗用車の開発にも力を入れていたいすゞ自動車が、ジョルジョット・ジウジアーロ（oddcastのText-to-Speech Demoで確認すると原語発音は「ジョルジョット・ジュジャーロ」に近い）がチーフデザイナーだった時代のカロッツェリア・ギアにパッケージとスタイリングを依頼して開発した高級スポーティカー「１１７クーペ」を発売したのは１９６８年10月でした。エンジンはベレット／フローリアン用のＧ１６１型ＯＨＶを2弁チェーン駆動ＤＯＨＣ化したＧ１６１Ｗ型１・６ℓ１２０ps、販売価格は１７２万円。これは67年3月発売のフェアレディ２０００（ＳＲ３１１）＝88万円、67年5月発売のコスモ・スポーツ＝１４８万円、69年2月発売の初代ＧＴ‐Ｒ（ＰＧＣ10型）＝１５４万円など当時の高性能車に比べても高額な設定で、コスモと同年同月の67年5月に発売した２３８万円のトヨタ２０００ＧＴと並ぶ高嶺の花でした。そこでいすゞは70年10月にツインキャブ１１５ps＝１４７万円、翌年１

0月にシングルキャブ100ps＝136万円と、1・6ℓSOHC搭載の廉価版仕様を順次追加投入、さらに当初発売から4年5ヶ月後の73年3月には、それまでハンドメイドに多くを頼っていた外板成形を金型プレス成形に置き換え、月産100台前後だった生産能力を5〜6倍に増加してコストダウンを計ったビッグマイナーチェンジ版を発売しました（1・8ℓDOHC125ps搭載最上級車XE＝144・9万円、1・8ℓSOHC100ps搭載最廉価版XT＝96・4万円）。結局117はこのあと再び値上がりしていくんですが、ともかくピアッツァはその117クーペと交替に1981年5月、つまりソアラ発売の3ヶ月後に登場しました。パッケージとスタイリングはジウジアーロが主催するイタルデザインが1979年3月のジュネーヴ・ショーに展示したショーカー「アッソ・ディ・フィオリ」をそのまま

図1　**オペル・カデットC（左）といすゞジェミニ（右）**

ピアッツァの母体のいすゞジェミニはGMの世界戦略車、通称「T」カーの中の1車。「T」カー構想は1970年夏にGM本社で「プロジェクト909」の開発名で始動、グループの西ドイツ・オペル社が開発中だった3代目カデット（「KadettC」）を母体に設計を世界展開し、トップを切ってブラジル市場向けのシボレー・シェベットが73年2月に登場した。カデットCのローンチは同年8月だが、2ヶ月後に第1次石油ショックが到来、並行開発中だったジェミニの発売は計画の半年遅れの1974年10月にずれ込んだ。カデットのボディタイプのうち2ドアノッチバック（左）はジェミニには設定されなかった。パワートレーンはいすゞ製、インパネとシートもカデットとは異なる。豪州ホールデン社はいすゞジェミニをCKD生産した。1986年6月の生産終了までの生産台数は76万8537台、うち24万2489台がCKD。単純計算すると国内向けだけでモデルライフ月平均3760台売れたことになる。（カデットC写真：Wikipedia）

のニュアンスで生産化したもので、プラットフォームはショーカーと同様、いすゞが1971年7月に米GMと締結した全面提携に基づいて開発し1974年11月に発売したPF50型ジェミニ（図1）でした。

シャシ設計者　ジェミニとピアッツァのリヤサスはオペル・カデットC同様トルクチューブを使った3リンク式リジッドでしたね。オペルはこのリヤサスをオペルGT（1968〜73年）から使ってます。

福野　ジェミニがフロントをスラントノーズに改悪したマイチェン時（79年6月〜）に、いすゞはトルクチューブの前端部をブリッジ型マウント式へと独自改良してますが、ピアッツァもその改良版リヤサスを使っています。ピアッツァの価格はG200型1949ccDOHC135ps搭載の最上級車XE（5MT）で247・1万円。この1・9ℓエンジンは1978年12月の117クーペのマイチェン（77年10月以降はSAE角目4灯）から投入したもので、そのときの117の価格は最上級車XEで253・3万円まで再上昇してましたから、ピアッツァはそれとほぼ同価格ということです。2・8ℓ170psのソアラ2800GTが266・7万円でしたから「高い」という印象は否めませんでした。

シャシ設計者　ジェミニ・ベースでソアラと同価格帯ですか。まあそもそも117だってフローリアン・ベースでしたが。

福野　ピアッツァの発売と同時に117は生産を終了、当摩節夫さんの名著「いすゞ乗用車」によれば117の総生産台数は12年7ヶ月で8万6192台（月平均570台）だったそうです。

自動車設計者　ピアッツァは1990年2月までの8年9ヶ月の総生産台数が11万3419台、モデルライフで月平均914台。これは輸出分も含んでるんですよね（対米向け「Isuzu Impulse」、対豪向け「Holden Piazza」など）。

福野　初代ソアラは国内販売だけで59ヶ月／13万2100台＝平均2240台／月です。

エンジン設計者　でもピアッツァは国内でも廉価なSOHC車が最初の数年間かなり売れたんじゃないでしょうか。阿川泰子の「シニア・ドリーム」のCMが焼き付いてます。「シニア感覚」というキャッチコピーで。

アッソ↔ピアッツァ

福野　ピアッツァの開発の経緯ですが、「すべてシリーズ」のインタビューでジウジアーロは「117クーペの後継車を何度か提案したがいすゞはOKを出さなかった」「量産化の期待を込めてショーカー製作の合意をなんとか取り付けた」「具現性の高いデザインでアッソを提案したところ、これが世間で大評判になっていすゞ首脳陣も重い腰を上げた」というように答えているんですが、2001年8月の雑誌ラピタには「いすゞは二度ほどジウジアーロに117のモデルチェンジを依頼したが断られた」という記述があります。またMFRTの座談では常務取締役の中塚武司さんが「当初から市販するつもりで大体の伏線は敷いてあったが、実際の開発はプロトタイプがきてから動いた」「2年でやったのできつい仕事だった」と発言していて（いずれも内容骨子）経緯が混乱してます。

図2　**アッソ・ディ・フィオリ（=クラブのエース）といすゞピアッツァ（右）**

79年3月ジュネーヴ・ショー展示のアッソ・ディ・フィオリと81年5月登場時の生産型ピアッツァの広報写真を並べた。一見まったく同じクルマのようにも見えるが、ウインドシールド角度が24度↔28度など、基本パッケージや外板の3D形状がかなり異なる。CD値はアッソの0.41に対しピアッツァ0.36。ソアラはCDは同値だが前面投影面積はソアラ1.86m^2に対し1.68m^2で約10%小さい（MFRT測定値）。ただしCLはソアラ0.17に対し0.35。フロントスポイラーをやめたのはリヤのリフトとのバランスだろう（後期型では巨大なリヤウイングを装着している）。

図3　**アッソ・ディ・フィオリ（左）/いすゞピアッツァ（右）**

写真のアッソは、2001年にいすゞ社内の有志グループが、藤沢工場で朽ち果てていたオリジナルをフルレストアした際の社内完成披露時の撮影。同車はなぜかインパネがそっくり失われており、当時の写真からサテライトスイッチやデジタルメーターも含めて復元したという。レストア中の写真はネットで公開されている。

自動車設計者　「いすゞは117をモデルチェンジしたかった」が「イタルはコンセプトから一新したかった」。結局いすゞは「コンセプト一新で行こう」と翻意し「量産化を決意してから提案に応じた」。そう考えれば「評判で重い腰を上げた」の部分以外はそんなに矛盾してないのでは。

福野　資料によるとイタルから打診があったのが77年9月ごろで、ジェミニ・ベースといういすゞ側の条件にそって78年5月からデザインを開始、10月にいすゞからレンダリングの承認を受けてショーカーの製作開始、79年3月にジュネーヴ出品と、超スピードで計画が進んだようです。ただ中塚さんの「2年でやった」の件ですが、実は国会図書館で1981年6月発行の「いすゞ技報66」を閲覧したところ、工業デザイン部の佐藤昌弘さんという方が「エクステリアデザインはイタルにおける1／1モデルでの検討開始と同時に国内でもクレーモデルの製作を開始、インテリアはいすゞからイタルに人員を派遣して共同で作業した（内容骨子）」と書いておられるのを発見しました。少なくともデザインについてはアッソとピアッツァは完全に並行開発だったということで、これはかなり衝撃的な事実です。つまり……、

シャシ設計者　中塚さんの「2年でやった」はちと大げさと。

自動車設計者　でもイタルでデザインを開始したのと同時にいすゞでも設計を始めたとしても3年しかない。ホイルベースだって（ジェミニとは）変えてるんだし厳しい開発であることに変わりはないでしょう。

福野　ホイルベースについてはアッソはジェミニのままだったようですが（正式諸元は存在しない）、ピアッツァはホイルベースで35㎜（2405㎜→2440㎜）、トレッドで30／35㎜拡大してます。でも……、

シャシ設計者　内外装を完全新設し、デジタルメーターやバイワイヤ式サテライトスイッチなど当時最先端だった装備も採用してるんだから、３年でやったならかなりスピーディな開発ですね。

自動車設計者　小さな所帯で逆に小回りが利いたのかな。１１７クーペだって普通じゃやらないような大掛かりな生産技術の変更をモデル途中でやったわけだし。

エンジン設計者　当時のいすゞはエンジンの設計変更も多いですね。60年代末の１・６ℓなどバリエーションを追いきれないくらいメカもスペックも頻繁に変更してます。

自動車設計者　ちょっと脱線しますが、イタル・デザインのアッソ・シリーズはアウディ80ベースの「アッソ・ディ・ピッケ」のあのボディサイドが2段に逆スラントしたシャープな造形が大変印象的だったんで、アッソ・ディ・フィオリは随分丸くなっちゃってジウジアーロらしくないなあと当時は少々残念に思いました。

福野　70年代はジウジアーロ＝イタル折紙造形の絶頂期ですね。ロータス・エスプリのプロトが71年、ボーラ／メラクが71〜72年、いまおっしゃったアッソ・ディ・ピッケが73年、初代ゴルフ／シロッコが74年、デロリアンのプロトが76年、アウディ80（Ｂ２）が78年、アッソ・ディ・ピッケの造形アイディアを市販車に使ったランチア・デルタが79年。アッソ・ディ・フィオリは確かに毛色が違います。

シャシ設計者　インタビューでジウジアーロは量産化を前提としたデザインとして「外板の溶接箇所をなくした」ことを掲げていますが、ボディ開口部のラインも通常ならスタイリングとは無関係に機能面の制約でボディ面の途中を寸断するように引くところを、アッソとピアッツァはショルダーを一周する赤いアクセントラインとボンネット／テールゲートの見切りを一致させたりして、スタイリング一体で最初からボディの外板構造を考えている。そういうところがすごい。アッソ・ディ・ピッケはかっこいいけど量産化したら結局あいう姿にならないでしょ。

福野　パネル分割ラインを利用する手法は71年のBMW・M1でやってますね。

シャシ設計者　鋼板モノコックの外部にFRPパネルをボルト留めする構造だったね。あそこからパネル分割式を思いついたのか。

自動車設計者　M1もジウジアーロでしたねえ。角が取れた丸いデザインをM1ですでにやってたか。

エンジン設計者　「ピアッツァ↑M1起源説」。画期的です（笑）。ともかくピアッツァが発売されたときは「アッソそのまんまだ！」と驚いたものですが、主査の坂内さんは「アッソとピアッツァではひとつの面たりとも同じものがない」と言ってますね。

福野　ピアッツァ・ファンには悪いですけど、実車のアッソはシャープで小ぶりでかっこいいです。

シャシ設計者　でも座ってみるとアッソは居住性が厳しかったと。ウインドシールドの角度を24度から28度に起こしたりして居住性を改善し、空力もリファインしたと書いてありますね。

福野　ですからさっきから言いたかったのはそこなんです。いすゞはアッソのデザイン／スタイリングを再現しつつ居住性などの基本を大改良、一方で車名のステッカーの位置さえ変えないくらいオリジナルをリスペクトしたというのがこれまで聞いてきたストーリーで、自動車史上では稀有な「ショーカー量産化の実例」だと信じてたんですが、もしデザイン段階からアッソとピアッツァが並行開発だったとするなら、イタルはピアッツァがどうするのか知っててあえてウインドシールド寝かせカッコよく作ったということですよね。とすると美談どころかアッソはピアッツァの広告キャンペーンに過ぎなかったことになる。むろん真相はわかりませんが、皆さんのお話の感じからも「アッソ見てから2年で開発」は絶対あり得ないという感が強まりました。

エンジン設計者　「ピアッツァのすべて」の記事で「なぜ空力的に不利なホップアップにしたのか？」という記者質問に対していすゞが「あのサイズの角型2灯ではホップアップさせないとヘッドライトの一部が遮られて法規は通るものの光度が低くなるから」と回答してますよね。つまりいすゞ側での法規検討がアッソに反映されてたわけで、これ考えてもデザインは並行開発でしょう。

ピアッツァのインテリア

福野　ピアッツァのインパネはパウダースラッシュ成形表皮でルーズ貼りを表現してます（図4）。ここもピアッツァの大きな見せ場でした。

シャシ設計者　木型かなにかに本革を貼った一品製作を作って電鋳で反転したものですか。

福野　そうです。たしか当時のＣＡＲ ＳＴＹＬＩＮＧ誌に原型の写真が載ってました（電鋳金型：一品制作の原型に蒸着めっきをかけて導体にし、めっき槽に浸漬して数日かけて数㎜の肉厚になるまでニッケルめっきを施し、原型を壊して除去、めっきの厚肉をそのまま金型に転用する技術）。この時代はパウダースラッシュ成形そのものがまだ一般的ではなかったです（パウダースラッシュ成形：電鋳で作った金型の裏にヒーターを取り付け加熱し、すりきりいっぱいまで樹脂粉末を投入、一定時間保持して皮膜が形成されたら金型を横転して粉末をすて、できた薄皮を金型から剥がして、原型の形状とシボをそのまま反転した表皮を得る手法。これを樹脂フレームといっしょに金型に再度セットしウレタンを注入発泡一体化、インパネを作る）。

エンジン設計者　でもネットでみると経年でインパネが反ったり黄変したりしていまピアッツァをレストアしてる人はかなり苦労してるみたいです。

シャシ設計者　当時のインパネ表皮は真空成形でもスラッシュ表皮でもまだＰＶＣ（ポリ塩化ビニル）でしょ。

福野　夏は紫外線で分解して、そのガスでガラスの内側がよく曇りましたね。あんな空気を吸ってたんだから、体にもよくなかったでしょうねえ。

シャシ設計者　樹脂素材に関しては隔世の感がありますね。

自動車設計者　ソアラのデジタルメーターのデザインを批判しましたが、ピアッツァも突っ込み所満載です。座談でも出てますがタコメーターのデジタル数字表示はナンセンス。

エンジン設計者　東京農工大の樋口先生も「タコはドット表示だけにしてトルクカーブ型にしてほしい」と発言されてて、自動車設計者さんとまったく同じ意見。

自動車設計者　この斜めのドットはなんと速度表示ですよ（笑）。タコは左の垂直上昇。

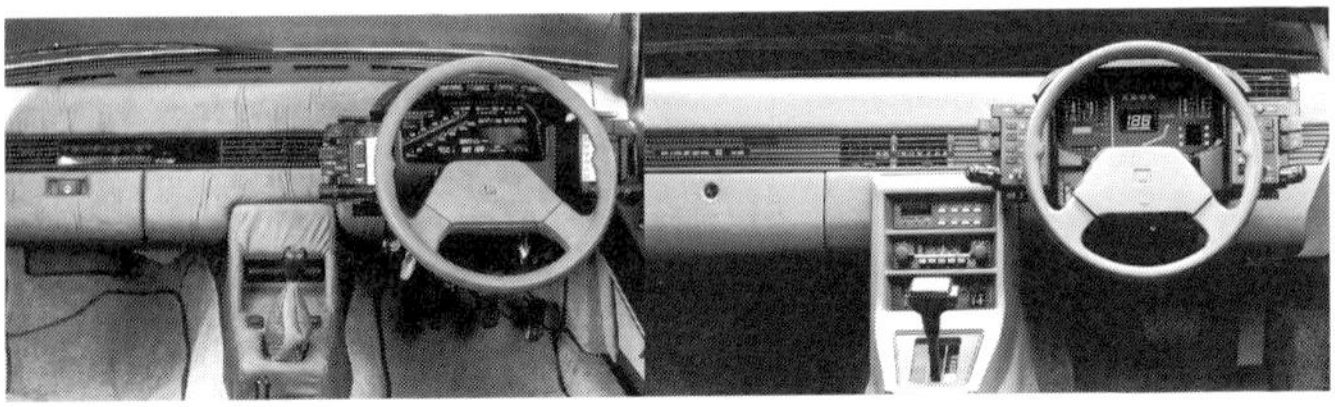

図4　アッソ・ディ・フィオリ（左）/いすゞピアッツァ（右）

アッソのインパネ写真は79年のオリジナル状態。ピアッツァは本革のルーズ貼りの雰囲気を電鋳金型のパウダースラッシュ成形という当時のハイテク生産技術で表現した。デジタルメーターや左右のサテライトスイッチのデザインが異なるが、「いすゞ技報66」（1981年6月）によるとアッソを再現/改良して生産化したのではなく、内外装ともに当初からアッソと並行してイタルと共同開発したというのが真相だったようだ。

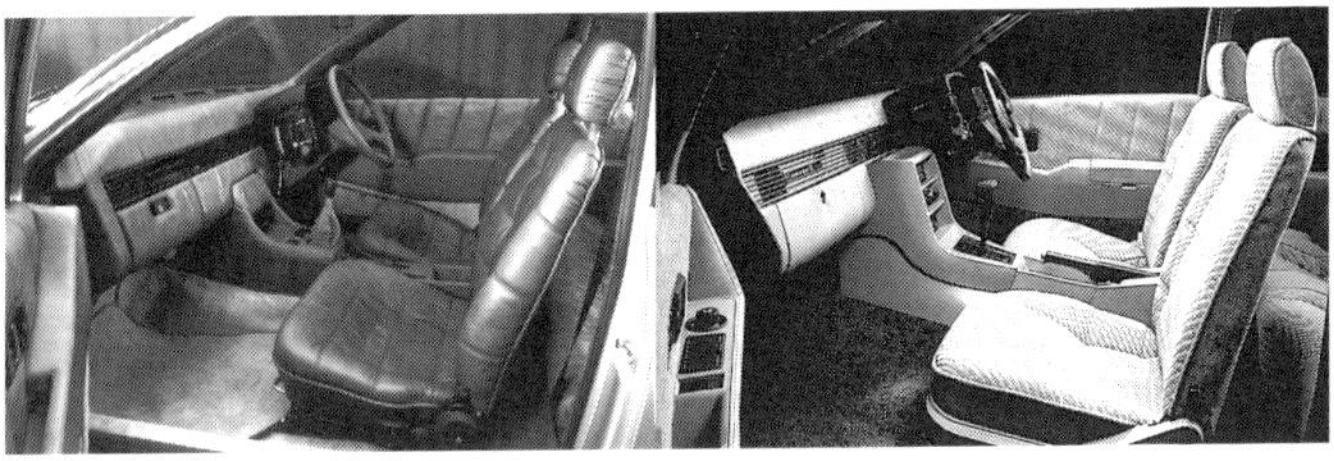

図5　アッソ・ディ・フィオリ（左）/いすゞピアッツァ（右）

ピアッツァの上級車のシートは当時の日本車には珍しいざっくりしたモケット織物で、起毛を刈り上げ過ぎていないところにイタリア車的センスを感じた。一方アッソのインテリアはまさにイタリアン・ラグジュリーの王道。ピアッツァ登場半年後の81年12月に登場したマセラティ・ビトゥルボはまさしくこういう雰囲気のインテリアを比較的廉価で生産化して世界に衝撃を与えた（ビトゥルボのデザインはガンディーニ時代のベルトーネのピランジェロ・アンドレアーニ）。

シャシ設計者　アッソの写真をみると斜めのスピード表示はジウジアーロの原案ですね。ソアラのメーターよりは全体に洗練されてる印象ですが。

福野　樋口先生がシートのファブリックの質感がもうひとつだと指摘して、工業デザイン部の井ノ口さんが「ご指摘の通り」なんて言ってますが、ピアッツァのシートはモケット独特のふっかりざっくりしたいい質感でした。「イタリア車みたいだー」と思ったものです。樋口さんの指摘は当時の日本の生地屋的視点だと思います。

自動車設計者　起毛織物のカットがふぞろいだという指摘ですか。

福野　当時の日本の起毛織物は「五分刈り」が基本で、せっかくモケット製法（上下2枚の平織物を互いに縫い合わせながら織製していき、最後に中央でカットして2枚の起毛織物にする織製法）でいい風合いがでてるのに、工程の最後で表面にバリカンかけてカーペットみたいにべちゃーっとのしちゃう。ピアッツァはそれをあんまりやってなかったから風合いがよかった。

自動車設計者　まあねえ、当時はドア内張に手貼りでダーツを入れたりすると「左右で皺が違う！」なんてクレームがきたもんですよ。インパネのルーズ貼り表現もそうですが、ピアッツァはこの時代に「均質化よりも味」を選んでたんだから進んでましたね。

福野　それもジウジアーロから学んだところではないでしょうか。「風合いとはこれすなわち不均質のことなり」と。

エンジン設計者　そもそもいすゞのクルマのお客さんはしゃれ者が多かった。

シャシ設計者　ヨーロッパ的センスのある人が買うクルマでしたね。

福野　しかしMFRTでもいざ話が走りになるとかなり厳しい評価が飛びかってます。

シャシ設計者　なんたってピアッツァは途中でリヤサス変えてますからねえ。

サスペンション

福野　発売当時コンセプトやスタイリング、インテリアに関しては大いに話題になったピアッツァですが、最上級車XE（G200型DOHC1949cc135ps搭載）で247・1万円という高価格にもかかわらず「母体がジェミニ」という点については発売当初から専門家の間で不満と疑問が出ていました。とくにその矛先が向いたのがリヤの3リンク式リジッドサスです。トルクチューブ前端部をボディマウントする方式に改良したジェミニの後期型をそのまま採用（図6右／図7の右133）、またフロントサスはカデットC→ジェミニがIアーム＋コンプレッションロッド式ロワアームのダブルウィッシュボーンだったのを、ピアッツァでは一般的なIアーム＋テンションロッドに変更しています（図6中央／図7の左112がテンションロッド）。ということでいすゞもカデットCのままではなく順次改良を加えており、MFRTの座談でも中塚武司常務取締役が「（改良した）ジェミニの足周りは素晴らしいのでまだ発展の余地がある」と自信満々、実験部長の高波克治さんもリヤサスについて「前後方向と横方向の剛性を完全に分離できるメリットを最大限生かした」という発言をしているんですが、自動車評論家諸氏の評価は当時からなかなか手厳しいです。

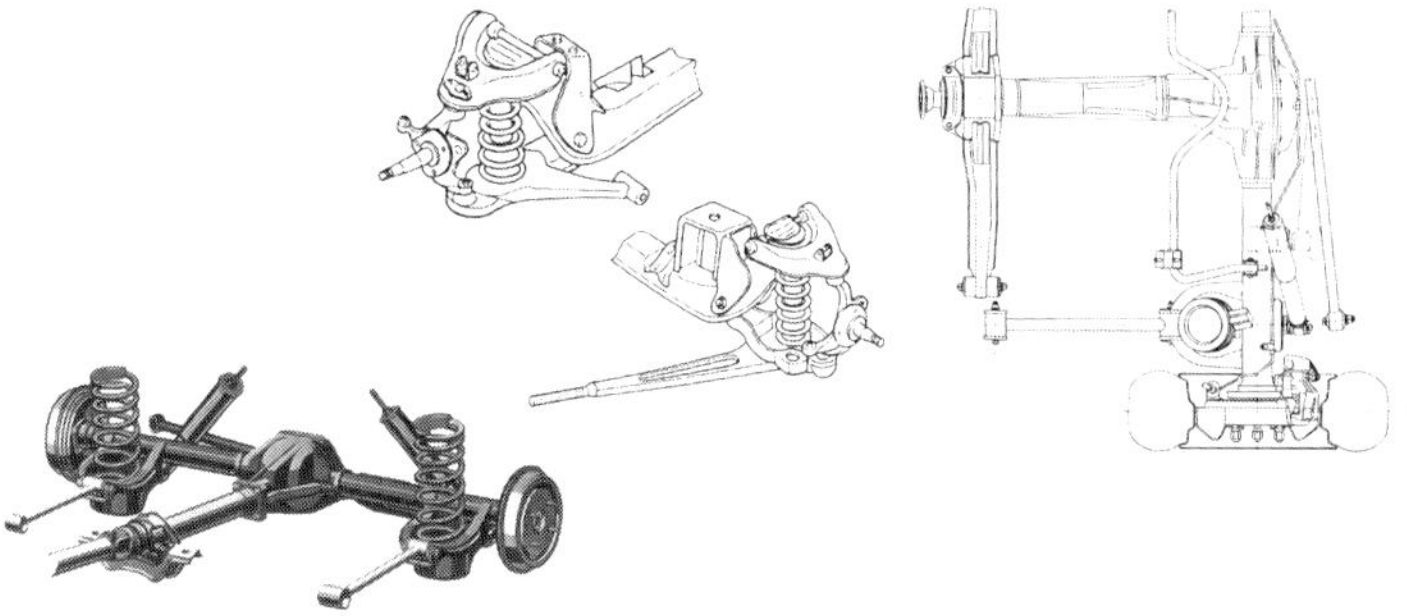

図6　**前後サスペンション:カデットC→ジェミニ→ピアッツァ**

初代ジェミニ（1974～'88）のサスペンションは当初前後ともオペル・カデットC（1973～'79）と同じだったが、79年6月のマイチェンからトルクチューブ前端を幅広いブリッジを介してボディマウントする方式に改良、ピアッツァもそれを使った（左）。またピアッツァではフロントのロワアームを一般的なＩアーム+テンションロッドに変更した（中央）。上面図は1988年の対米輸出仕様のカタログに掲載されたもので、リヤサスが5リンク式に変わっていることがわかる。エンジン直下にステアリングラックがあってタイロッド前引き、フロントキャリパーが後部リーディング側にあるのはカデットCからの特徴。

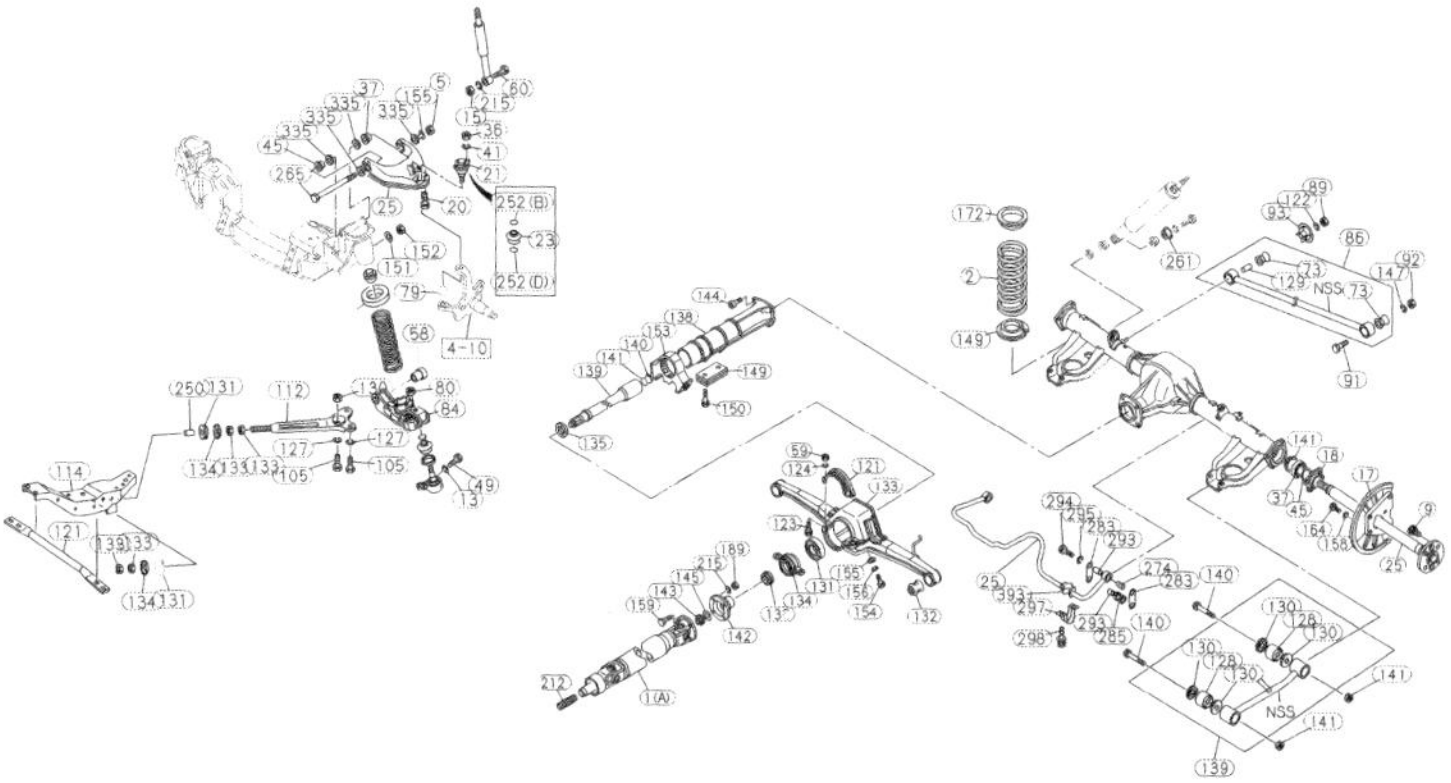

図7　**ピアッツア3リンク車の前後サスペンションパーツ図**

海外の複数のサイトが対米輸出版IMPULSEのパーツ図を公開している。これは当初の前後サス。リヤ図は3枚のパーツ図を貼り合わせて作成した。リヤの138がトルクチューブ。スラントノーズのジェミニから採用した改良版トルクチューブマウントは前端の153を介してウイング133へラバーマウントしてから両端の132で車体にマウントする。149はマスダンパー。ピアッツァでフロントに採用したテンションロッドは左112。いかにも鍛造っぽい凝った作りだがブッシュ131はコンプライアンス容量の少ない単純なプッシュ／プル式だ。

エンジン設計者　岡崎宏司さんは乗り心地に関してはトーヨーZ　717という乗り心地のいいタイヤを履いてるので良路では悪くないが、荒れた路面を通ったときや後席に人が乗ったときは急変すると指摘、操縦性についても通常の走りなら問題ないけど、追い込んでいくとリヤアクスルがバタつく、接地性が不足する、上り下りでステア特性の差が大きいなどの現象が出ると言ってますね。

シャシ設計者　このリヤサスはリヤアクスルの位置決めを、前方に伸ばしたプロペラシャフト内蔵式のトルクチューブと2本のトレーリングリンク＋ラテラルロッドによって行うというリジッドです。トルクチューブ先端がピンジョイントであると考えて自由度を計算すると、構成要素が4×6＝24、ピン支持（3自由度）7ヶ所、軸回転3ヶ所で自由度はゼロ、つまり理論上は左右トレーリングリンクのボディマウント部とトルクチューブのボディ側支持点が一直線上にないと動かないことになります。

自動車設計者「いすゞ技法」に載ってる側面図（図8）を見ると大体そのような配置になってますね。

シャシ設計者　トルクチューブ式リジッドの利点はアクスルのトルク反力をトルクチューブ前端↕アクスルという広いスパンでとれる（受け持つ）こと、欠点はトルクチューブのマウントから振動や騒音がボディに侵入しやすいことです。パブリカも確か一時期これを使ってました。

福野　パブリカ。それ知らなかったです（→マイチェン以降1966年～の800cc版UP20型）。

シャシ設計者　そもそもT型フォードがトルクチューブ式リジッドですからね。最初の大量生産リヤサス形式ですよ。

自動車設計者　フロントサスのテンションロッドは、鍛造と思しきごついアームの割にブッシュはテンション前提の普通の串刺し方式（図6左の112／131番）。なんかちょっと不思議な設計です。ピアッツァは当時運転しましたが、可変ギヤ比のマニュアルステアリングが重いなあと感じた以外、正直あまり印象に残りませんでした。デザインだけのクルマだなという感じでしたね。

福野　私も岡崎さんと同じことを感じました。特に駆動力を入れたときのアクスルトランプです。'76のジェミニ1800には2年間くらい乗ったんで、時計がいきなり5年巻き戻ったようで「古くさいなー」と思いました。

シャシ設計者　「いすゞ技法」の図上で作図してみました（図8）。アンチスクオート率はなんと条件次第で214％にもなりました。実際はもう少

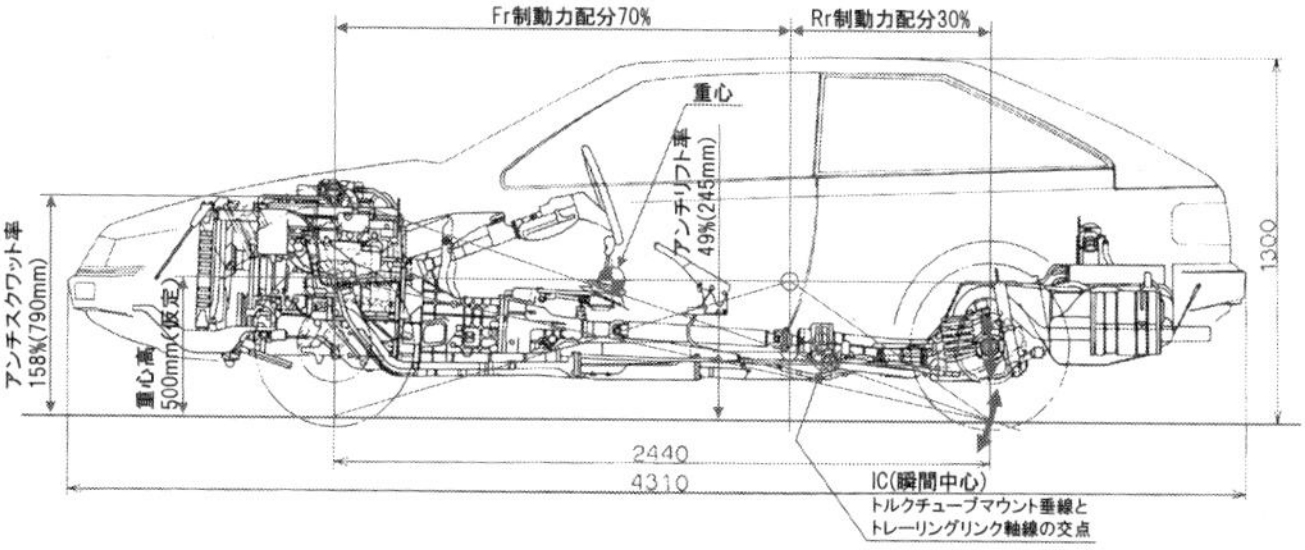

図8　**リヤサスのアンチスクオート率（推定）**

ピアッツァは急発進時にリヤアクスルのトランプが生じる傾向があったが、ゼロヨンでサスを評価しがちなアメリカ市場でのこれが不評の一因だったに違いない。講師＝シャシ設計者が「いすゞ技法」掲載の図を使って、リヤサスのアンチリフト率／アンチスクオート率（図では「アンチスクワット率」と表記）を作図してくれた。リジッドサスの場合リヤサスの釣り合いは接地面で考えればよい（独懸では駆動トルク反力はデフが受け持つからハブのスピンドル中心で考える）。作図の結果アンチスクオート率は条件によって158〜214％もあることがわかった（本図はトレーリングリンクブッシュを剛体と考えた場合で158％）。アンチスクワット率が100％を超えるとパワーホップが発生しやすくなる。

し低いでしょうが、いずれにせよアンチスクワット率が１００％を超えると急発進時などにリヤボディが一瞬持ち上がって接地荷重が過大となり、次の瞬間今度は反動で接地荷重が過小になるという現象が繰り返されてタイヤのグリップとスリップが断続的に発生します。これがパワーホップ＝アクスルトランプです。

福野　アクスルトランプってそういう理屈ですか。初めて知りました。

自動車設計者　ピアッツァはHandling by LOTUSという車種を出したとき（１９８８年５月発売）リヤサスを一新してトルクチューブをすてて５リンク式にしたでしょう（図９）。結局は３リンクに対して問題意識があったということでし

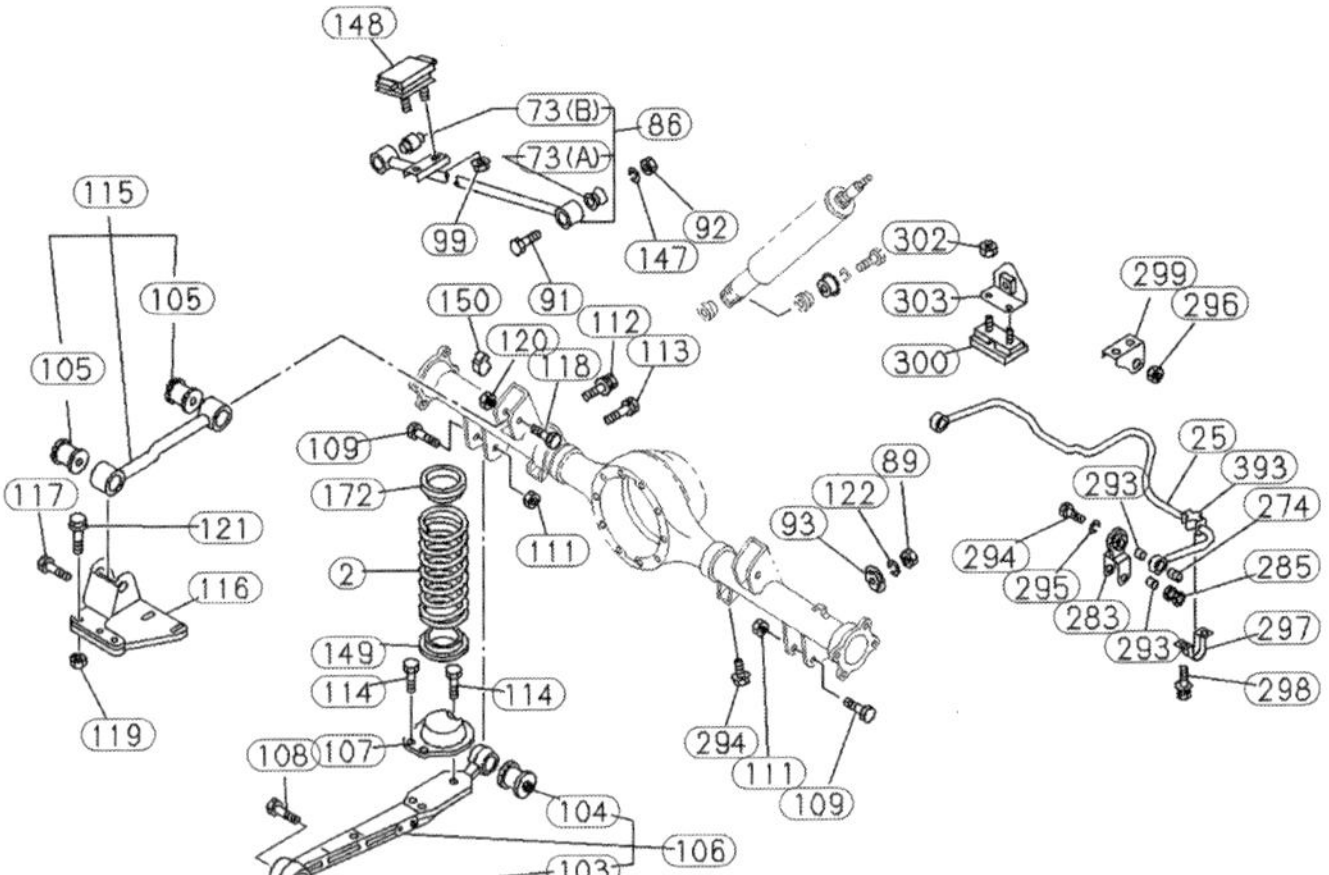

図9　対米仕様で採用した5リンク式リヤサス

日本ではHandling by LOTUSだけだった5リンク式リヤサスは、実は対米仕様では'85モデル以降の主力だった。この図もアメリカ仕様。アッパーリンクのブラケット（116）が左右逆に描いてあるため、座談ではどこにどうやってつくのか紛糾した。実車のレストア中の写真を見るとボディ自体は3リンク車と共用だったと思われる。図中の148と300はマスダンパーだが、300がどこにつくのかは判然としない。

ょうね。

エンジン設計者　いやでもリヤサス変えたのはHandling by LOTUSだけで、他の車種はイルムシャーも含めて最後までトルクチューブ式3リンクのままでしたよ。

福野　あんまりリヤサスがひどいんでロータスが設計し直したという。

シャシ設計者　いえいえ、今回調べてて初めて気がついたんですが、アメリカ仕様のISUZU IMPULSEは1985年から5リンクになってるんですよ。

一同　え。

シャシ設計者　インパルスはいまでもアメリカで結構人気あるようで、レストアも行われてるしファンサイトなんかもあるんですすが、それによるとアメリカ仕様は'85モデルSOHC2ℓターボ140HP搭載車から5リンク式に変わり、ノンターボも'88～'89のSOHC2・25ℓ110HPから5リンクになったようです。アメリカ使用でトルクチューブ式リジッドなのは'83～'87のSOHC1・95ℓノンターボ90HP車だけです。

エンジン設計者　じゃあ日本だけ3リンク放置？　てっきり5リンクはロータスが設計してライセンシーが高額すぎていすゞが横展開を見送ったんだとばかり……じゃロータスはインパルスの5リンク付きターボのサスをただチューニングしただけですか（笑）。

自動車設計者　まあ内部のことはわかりませんが、例えばトルクチューブ方式では駆動力の増大に対して振動騒音、操縦安定性、発進時のパワーホップなどのドライバビリティに対して打つ手がもうなくなって、他社がみんな使っている5リンク式で試作車を作ってみたら乗り心地は悪化するもののパワーホップが劇的に改善することがわかって、サスの評判がよくない北米用にまず導入した、みたいなことだったのかもしれませんね。だけどトルクチューブ式と5リンク式を並行生産してたということになると、アッパーリンクはどこにマウントしてたのかな。こんなブラケット（図9の116）どこにつける？

シャシ設計者　アメリカのブログでレストア中のインパルスの写真見たら、リヤフロアサイドメンバーの下面に止めてました。なんかへんだと思ったらこの図9の116は左右逆に描いてあるの（笑）。実車はボルト穴が外に向いててアッパーリンクの車体側ブッシュがサイメンの内側にくる。あと5リンク車の下周りの写真見るとトルクチューブのマウントブリッジ用ブラケットが遊んでるので、車体はほぼ共通だったんだろうと思います。

福野　当時のいすゞも技術力は高かったんでしょうが、ベレット（1963～1973）でコンペンセイタースプリング付きのスイングアクスル式独懸に果敢にチャレンジしたのに、フローリアン（1967～'82）と117（'68～'81）でリーフリジッドに戻しちゃったり、どのクルマも必ずマイチェンのたびにカッコ悪くなっていくなど、当初の高い理想があとに続かない傾向があったように思います。販売サイドの甘えに負けちゃうのかなんなのか。

エンジン設計者　醜悪なグリルつけた末期ベレットGT（'71～）、SAE角形4灯にしてアメ車みたいなめっきのセンターグリルつけた末期フローリアン（'77～）、ボンネットに巨大な金色の火の鳥ステッカー貼った最終117（'78～）、スラントノーズに改悪したジェミニZZ（'79～）、チンスポ＋ウイング付きのピアッツァ（'85～）など、いすゞの末期モデルはみんな悲惨でしたねー。

エンジン

福野　G200型DOHC搭載の最高性能版でも1246kg（MFRT実測値）の車重に対して135ps、しかもまだグロス表記の時代ですから、数字的な動力性能値は期待できません。MFRTでも0‐400mm17・9秒、0‐100km／h12・0秒という当時としても平凡な値でした。座談の中でエンジン設計部の黒沢公尊さんは6200rpmまで引っ張って出力を出したことを誇ってますが、岡崎さんはパワーが5800rpmで頭打ち気味になり、6000まで回して2→3速へシフトすると3000から4000に存在するトルクの谷に入っちゃうと指摘してます。これは多分箱根ターンパイクでの話ですね。岡崎先生がシフトアップで失速している様が目に浮かびます（笑）。G200型エンジンについて所見をお願いします。

エンジン設計者　ボアピッチはG161→G181→G200と共通で、G161WからG180に変わったときにストロークアップしてデッキハイトが高くなってます。G200は84×82mmのG180をベースにボアを87mmにアップした1949ccですが、どうしてこんな半端な排気量になったのかということを考えてみました。ボアピッチはG161からずっと93mmですが、ボア間に斜めに水通路ドリル加工をする場合、鋳鉄ブロックだと2mmドリルではちと厳しいんですね。ドリル径3mmだとボア間6mmの場合では左右1・5mmでぎりぎりです。つまりボアピッチ93㎜ではこれ以上ボアは拡大できなかったんでしょう。

自動車設計者　ボア間のど真ん中（最狭位置）に加工で水通路を設けるなんてこと普通やりますか？

エンジン設計者　高性能エンジンではシリンダーのボア間トップデッキの温度が高くなって熱変形が生じるとヘッドガスケットシールの面圧が低下して吹き抜けるという現象が起こり得ますので、ドリル穴を穿って冷却せざるを得ない場合が多いです。とくにこの時代はまだヘッドガスケットがフルスチール化されてなかったんでなおさらでしょう。

自動車設計者　そうですか。

福野　ボア間の壁にドリル孔をあけて左右のウォータージャケット間を連通させるということですか？

エンジン設計者　はい。トップデッキに開口した水の縦穴から斜めにドリルを突っ込んで、反対側のジャケットに貫通させます。1本だけでは不十分な場合は図10の左のように反対側からも突っ込んでクロスドリルにします。冷却したいのはトップデッキ近傍ですから、なるたけ浅い角度でドリルを入れたいのですが、縦穴との干渉から浅い角度ほどドリル径を細くしないといけない。でも細いドリルは最初の食いつきのところと2本目が1本目に貫通したところで折れやすい。鋳鉄ブロックならなおさらです。ピアッツァはマイチェン（1984年6月）で2ℓターボを積んでますが、こちらはアスカから大々的に採用したいすゞの新世代エンジン系列で、ボアピッチを99・5㎜に増やして88×82㎜で1994ccを確保してます（4ZC1‐T型）。このボアピッチならフルジャケットにしてボア間水通路を鋳抜きでできます。さっき話が出たUS仕様の’88～’89の2・25ℓというの

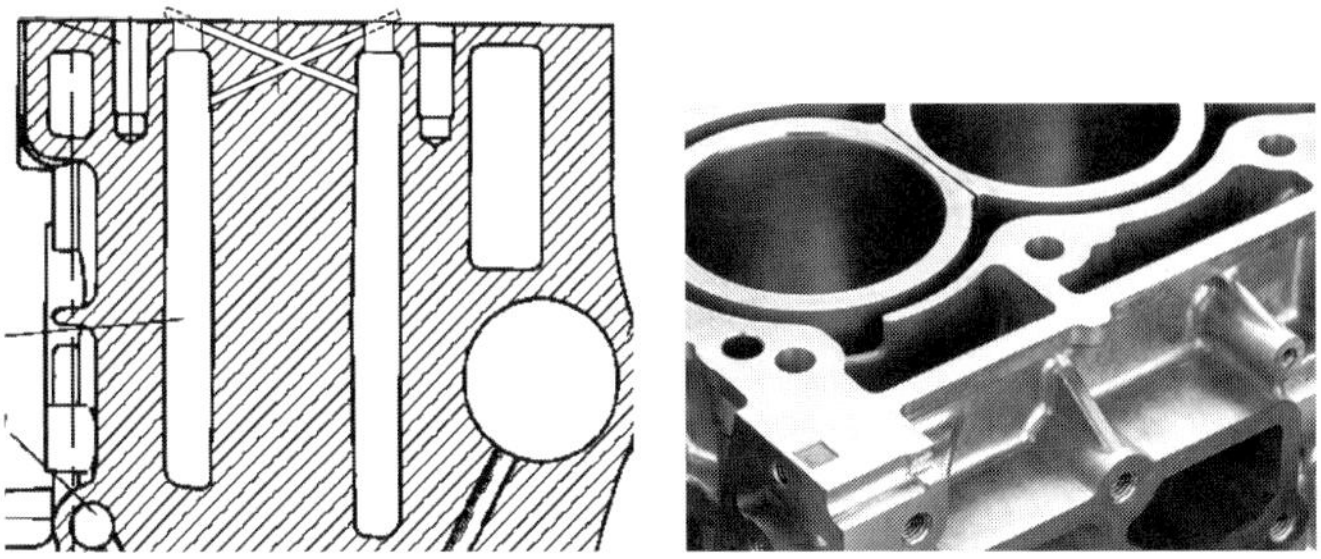

図10　**ボア間ドリルとスリット**

講師=エンジン設計者が描いてくれたボア間ドリルの図（左）。高性能エンジンではボア間の壁内に斜めにドリル孔を穿って左右水路を連通させることでトップデッキを冷却する設計が多く、この加工条件がボア径の制約のひとつになっているという。ただしガスケットのフルスチール化によってボア間シール幅が局所的に2.5mm程度まで狭くなっても吹き抜けが生じなくなってきたため、右のようにボア間にスリット加工を入れてトップデッキの冷却性向上を図る事例も出てきている。

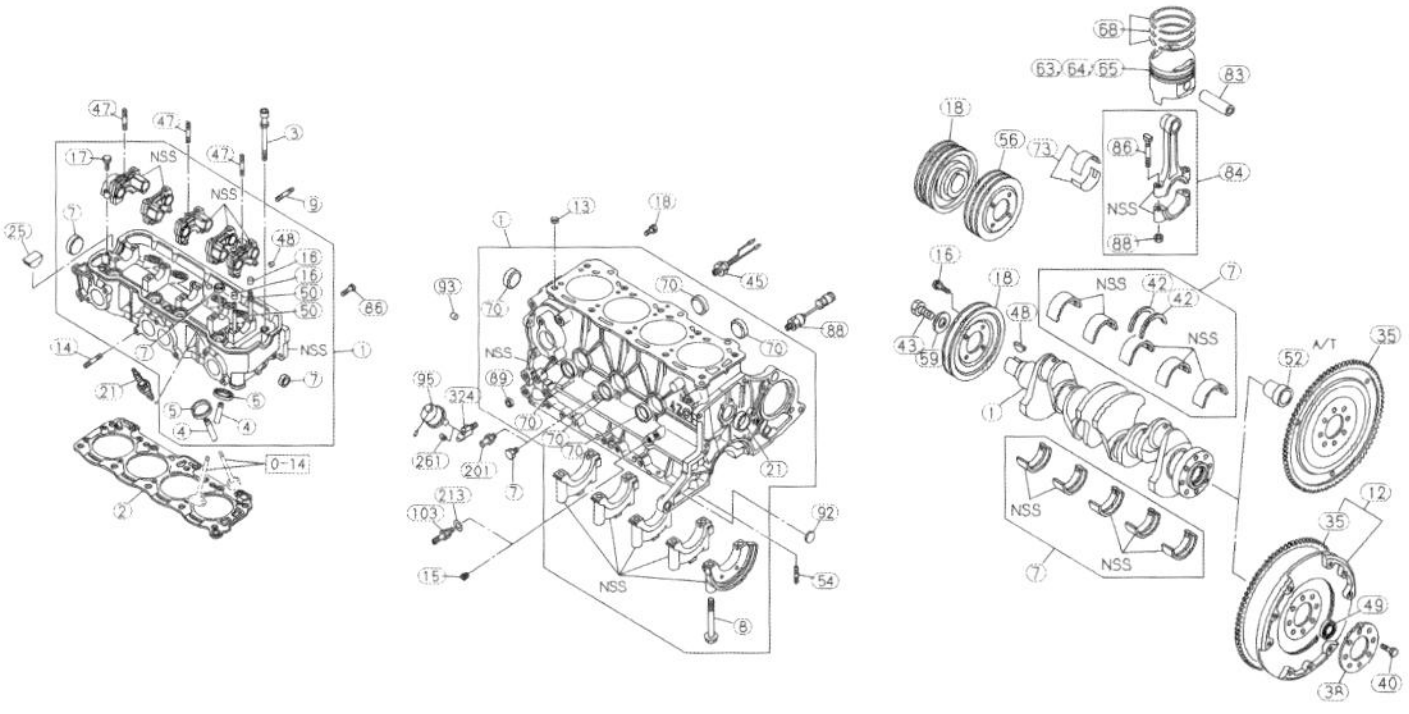

図11　**いすゞ4ZC1-Tエンジンのパーツ図**

いすゞが80年代に設計したモジュラーエンジンで、1983年３月発売の初代アスカに4ZB1型：84×82mm=1817cc、4ZC1型=88×82mm=1994cc、２ℓターボ版4ZC1-T型、4FC1型ディーゼル：84×90mm=1995ccを搭載、ピアッツァも1984年６月のマイナーチェンジ時に4ZC1-T型を採用した（G200車は'88年２月まで並行生産・販売）。図は対米仕様ターボのもので、US仕様は'88年以降2255ccの4ZD1型も搭載した（→５リンクサス）。最終的にこの系列は92.6×95mm=2559ccまで拡大（4ZE1型）、ウィザード、ロデオ、トゥルーパー、ファスターなどの各国向けに搭載している。

もこれと同系列の4ZD1型で、ボア89・3㎜、さらに92・6×95㎜＝2559ccまで拡大してます（4ZE1型）。ついでに言いますと現代のスチールヘッドガスケットのシール技術の進歩にはすごいものがありまして、昔なら「ボア間シール幅は最低7㎜ないとシールできない」と言われていたのに、いまでは局所的には2・5㎜あればいけるようになりました。図10の右の事例ではボア間にドリル孔ではなくスリット加工をしてトップデッキ付近の冷却性向上を狙っています。これもスリット両側の幅狭部でちゃんとシールできちゃうんですね。

福野　G200のDOHCについては。

エンジン設計者　G200のDOHC版はSAE角目4灯になっていた117クーペのマイチェン（1978年12月）から投入。最初はアナログECUのLジェトロニック仕様で、ピアッツァに搭載する際にデジタルECUのLHジェトロにしたということですが、驚いたことにどうやらG180 DOHCのヘッドをそのまま流用していたようで、バルブ径、バルブタイミング、圧縮比などがG180 DOHCとまったく同じです。クルマの教室でも何度か触れましたが、排気量が増えているのに吸気能力が変わっていない場合は理論的には最高出力は変わらずに最高出力発生回転数が低くなります。G200の場合もG180の130ps／6400rpmから135ps／6200rpmになってますが、ついでに5psアップしてるのはなぜなのか不明。発生回転数が200rpm下がった（≒平均ピストンスピードでマイナス0・6m／s）のでフリクションで儲けたということにしときましょう（ありうる）。

福野　ピアッツァは80年代の名車ですが、現代の視点はなかなか面白かったです。

初代いすゞピアッツア（JR120型）XE

全長×全幅×全高：4310×1655×1300mm

ホイルベース：2440mm

トレッド：1345mm／1355mm

MFRT実測車両重量：1246kg（前軸722kg=58%／後軸524kg=42%）

前面投影面積：1.68m²（写真測定値）

燃料タンク容量：58ℓ

最小回転半径：4.8m

MFRT時装着タイヤ：トーヨーZラジアル717 185/70HR13
（空気圧前後2.0kg/cm²）

5MTギヤ比：①3.312 ②2.054 ③1.4005 ④1.000 ⑤0.840

最終減速比：3.9097

MFRTによる実測性能（5MT車）：0-100km/h 12.0秒　0-400m 17.9秒

最高速度：未計測（いすゞ社内計測リミッターなし188～189km/h）

発表当時の販売価格

G200 DOHC搭載 XE：247.1万円（5MT）／256.1万円（4AT）

G200 SOHC搭載 XJ：183.6万円（5MT）

発表日：1981年5月13日

1981年5月～1991年8月の累計生産台数：11万3419台（平均914台／月）

モーターファン・ロードテスト（MFRT）

実施日：1981年6月22~27日

場所：日本自動車研究所（JARI）

モーターファン ロードテスト

現在の視点 3

日産スカイライン（R30型）

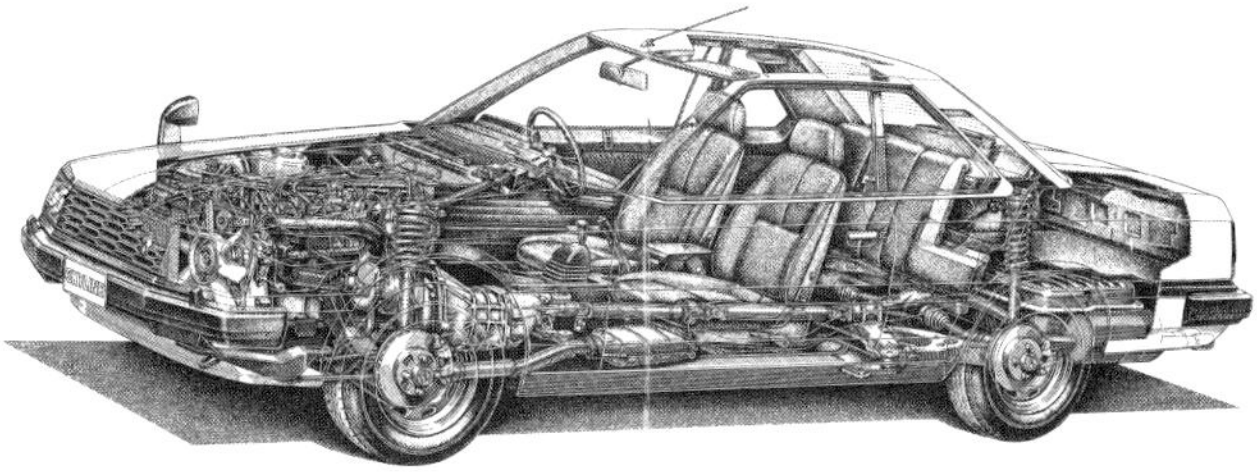

モーターファン ロードテスト再録
日産スカイライン（R30型）
https://motor-fan.jp/tech/10015292

座談収録日　2020年6月12日（金）

出　席　者	自動車設計者 ……	国内自動車メーカーA社OB　元車両開発責任者
	シャシ設計者 ……	国内自動車メーカーB社OB　元車両開発部署所属
	エンジン設計者 …	国内自動車メーカーC社OB　エンジン設計部署所属

福野　今でもファンの多いR30型スカイラインです。

エンジン設計者　「西部警察」です。

福野　ソアラの発表が1981年2月27日、ピアッツァが同年5月13日、R30型の発表はその年の8月18日でした。「愛」「ケンメリ」「ジャパン」に続く日産ブランド4代目通算6代目のスカイラインで、発表時のイメージ・キャラクターにポール・ニューマンを採用したことから発売直後に「ニューマン」というニックネームがつきました。DOHC4弁2ℓのFJ20型エンジンを搭載した「RS」系が大きな話題になりましたが、新設計にもかかわらずシルビアとガゼールに搭載しただけで次の7thスカイラインでは不採用、わずか4年4カ月間で姿を消したという、S20型に並ぶ「幻」日産エンジンでした。当時の注目度の高さを物語るようにモーターファン・ロードテスト（MFRT）では81年8月の登場時、RS追加発売時、その1年4カ月後の「RSターボ」登場時にそれぞれテストと座談会を行っており、また「すべてシリーズ」も第5弾「新型スカイラインのすべて」に続いて第9弾RS、第22弾RSターボと、R30系で3冊も出てます。本稿ではRS系を含めたR30型全体を話題にしたいと思います。上記MFRTの3回分は前頁のQRコードのURLでご覧いただけます。

スカイライン伝説

福野　「スカイライン伝説」の原点は1964年5月の第2回日本グランプリで生沢徹の運転するスカイラインG

T（S54A - 1型）が式場荘吉のポルシェ904を1周だけ抜いて走ったあの瞬間です。中島飛行機・東京製作所（荻窪）が母体の「富士精密工業」と、ブリヂストンの資本参加で立川飛行機の技術者が創業した「たま自動車」が1954年4月に合併したのがプリンス自動車工業。つまり「元戦闘機屋が作ったセダンがポルシェを抜いた」という、まさにそこが敗戦国日本の高度成長の姿と重なって共感と感動を呼んだのが伝説の構図ですが、当のプリンス自工としてみればかなり力を入れて望んだ日本GPレース自体は第1回・第2回とも惨敗したという事実には違いなく、2座オープンのグループ6レーシングカーブラバムBT8Aを急遽輸入してこれを参考に設計した（というより第1号車はシャシ番号SC - 9 - 64のフレームをまんま流用）シャシのミドに自社開発の6気筒24弁エンジンを載せたR380を製作、66年5月の第3回GPで初優勝をもぎ取るという力技に出ます。そのエンジンを市販用にしたのがS20型、これを3代目「愛のスカイライン」に積んだGT - Rが国内ツーリングカーレース50連勝を飾る。このあたりのドラマティックな展開が日本人的な琴線に触れ、伝説を超えて「神話」になったということですね。

エンジン設計者　以前の連載でC10型GT - Rを取り上げたとき（「福野礼一郎のクルマ論評3」に収録）S20型の母体となったGR8型の断面図や外観図をみると、設計の要所がプリンスが購入したBT8Aが積んでいたコベントリークライマックスFPF（直4・2弁DOHC2ℓ）とかなり似ていて、シャシや変速機（ヒューランドHD5型）、サスを流用しただけでなくエンジンの基本設計もパクった可能性が大だ、という話題がでました。

福野　なにせ68年の日本ＧＰでは、60度Ｖ12ＧＲＸエンジンの開発が間に合わなくて、ムーンチューンのシボレーＶ８買ってきて積んで無理矢理優勝したという物凄いチームですから、勝つためには手段は問わない姿勢だったことは明らか。なのでＧＲ８型がコベントリークライマックスのコピーだったとしても、それくらいなんの不思議でもありません。ＦＪ20型についても当時「ＢＭＷのコピーだ」という噂がありました。

エンジン設計者　いやそれはない。いうならＳ20型の焼き直しです。

福野　初期のスカイライン伝説にはなんか常に一種の浪花節なムードが漂ってたんですが、チーフエンジニアの桜井真一郎さんというのはいたって都会的な平均感覚のあるエンジニアで、Ｒ30型のＭＦＲＴ座談の冒頭でも、全方位にバランスの取れた乗用車としてスカイラインを考えていることが感じ取れます。ＧＴ‐Ｒやレースはあくまでも応用編であってスカイラインの主体ではないと。でも「ケンメリ」「ジャパン」と代を重ねて熟成していくにつれて、むしろそのまっとうな思想が伝説ファンの期待との乖離を生んで行ったわけで、「ＧＴ」という存在感さえも拡販の道具に形骸化した感は否めませんでした。だからこそ久々に登場した「ＲＳ」に大きな注目が集まったということだったと思います。

エンジン設計者　ＲＳの「すべて本」なんか「ＧＴ‐Ｒ祭り」の様相ですもんね。

自動車設計者　Ｃ10（＝愛）、Ｃ１１０（＝ケンメリ）、Ｃ２１０（＝ジャパン）ときて、なんでここで唐突にＲ30なのかな。

エンジン設計者　当時の日産の型式名は小型車が「10」、中型車が「30」でしたから。

シャシ設計者　C210→R30でホイルベースは伸びてますか。

福野　いえ同じです。第2回日本GPで伝説作ったS54A‐1型「スカイラインGT」は、グロリア・スーパー用のG7型2ℓ直6エンジンを搭載すると同時にホイルベースを2390㎜から2590㎜に延長してますが、これを受け継いでC10型も4気筒＝2340㎜、6気筒＝GT＝2640㎜の2系統ボディでした。ケンメリC110でホイルベースを2610㎜に一本化、ハナの長さだけで4気筒ショート／6気筒＝ロングを区別するようにして、ジャパンでホイルベースを2615㎜へ、そしてR30型ではノーズの長さもロングに1本化したということです。2615㎜のホイルベースはGT‐Rが復活するR32まで使ってました。ちなみにR33型は0次試作までは2ドア2615㎜据え置きで4ドアはローレル共用の2720㎜という2本立てだったのを、開発途中で2720㎜に統一したため、2ドアのスタイリングが間延びして見えるんですね。

シャシ設計者　という都市伝説。

福野　いえいえ発表会当日、開発当事者からこの耳で間違いなくその通り聞きました（笑）。話をR30に戻しますとモデルライフを通じて非常に車種追加と改良が多かったクルマで、81年8月にL20型系6気筒GTシリーズとZ型4気筒1・8ℓ／2ℓのTIを発表、10月に新型DOHC4弁2ℓのFJ20型150ps（グロス値）を搭載した「2000RS」を追加、そして1年4カ月後の83年2月にRSターボ190psがデビューしています。「ツインカムかターボか」という自動車雑誌の議論にこれで終止符を打ったわけです。RSターボはソアラの170psを抜いて日本車最高出力となりファンを興奮させますが、5カ月後の8月になんとRS系のみフェイスリフト（＝通称「鉄仮面」）、さらに84年2月にインタークーラー付きの鉄仮面を追加します。出力はグロス205psとここで200psを突破しました。当時私は走り屋系雑誌の「オプション」にも首を突っ込んでましたが、RSターボに飛びついて購入したオーナーは↓鉄仮面↓インタークーラーという「小出し戦術」にみんな怒ってました。

シャシ設計者　RSにS20伝説を夢見て買った人は車検が来る前にターボが出て、RSターボの高出力に購入決断した人はたった1年で15馬力も低い旧型フロントの旧々型になっちゃったと。

エンジン設計者　発売を少し遅らせればインタークーラー付きRSターボ鉄仮面を一回で出せたはずですね。

コンセプトと動力性能

シャシ設計者　FJ20の搭載など話題はあったんでしょうが、全体を俯瞰するとホイルベースやトレッドだけでなくサス形式も「ジャパン」から大きく変わっておらず、モデルチェンジのポイントは内外装スタイリングだけという印象もあります。82年1月号の座談では桜井さんは、伝統を堅持しつつバリエーションの幅も広げたいという意欲で5ドアハッチボディを追加したとおっしゃってますが、次世代の7thではRS同様この車型も消滅。お客さんが「スカイライン伝説」に縛られて新しいものを受け入れなかったのかな。

自動車設計者　ポルシェ911がRRをすてられない理由はまさにそこでしょうが、この5ドアに関してはスタ

図1　R30型スカイライン

（左）1981年８月発表時カタログ掲載のインパネ。「ハードトップ」と呼称していた２ドアのターボ車の中位クラス「2000GT-E・L」と思われる。バリエーション名が煩雑なのがこの時代の日産車の特徴で、本車にも「スカイラインハードトップターボGT-E・Xエクストラ」という名前の車種があった。表記も「RS-TURBO（カタログ英語表記）」「RSターボ（同日本語表記）」「DOHCTURBORS（車載エンブレム）」など統一が図られていない（MFRTでは「ターボRS」と記載）。右は発表時に上級車に採用した一体成形シート。金型に表皮と樹脂トレイをセットしてウレタンを注入・発泡、一体表皮にする画期的な生産技術だった。当時の納入メーカーをご存知の方はぜひご教示いただきたい。写真はRSターボ発売時（83年２月）のカタログ掲載。

図2　セダンと5ドアハッチバック

R30型だけに5ドアハッチバックが存在した。２ドアがサッシュレスドアだったのに対し４ドア／５ドアはサッシュ付き、A／Cピラーの傾斜角も異なる（前ガラスは２ドア=34°50'、４／５ドア=37°）。全高は最低地上高が155mmの車種で２ドア=1360mm、4/5ドアが1385mm、室内高も1110mmに対し1135mmだから４／５ドアはルーフ自体が25mm高かったと考えていいだろう。５ドアのスタイリングは洗練度に欠けるが、４ドアには健全なパッケージの機能美が宿っており、ヘッドライトに平面形でも後退角をつけたスラントノーズのバランス、水平のウエストラインの安定感なども含め、この４ドアは当時の傑作スタイリングの１車ではないか。

イリングがひどすぎる。これじゃあ人気はでないでしょう。

エンジン設計者　4気筒／6気筒のノーズの長さをR30で1本化したということですが、2ドアと4／5ドアとではAピラー／Cピラーの傾斜角もルーフ高さも変えているんですね。2ドアベースなら5ドアももうちょっとマシになったのでは。

福野　でもこの無理やりA／Cピラーを倒し込んだような2ドアの富士山型キャビンもいま見るとちょっと陳腐ですねえ。むしろ4ドアのほうがバランスがよくて健全な3BOXパッケージです。

自動車設計者　82年1月号のロードテスト座談では空力に関して珍問答があります。2ドアでCD＝0・37、CLf＝0・22、CLr＝0・07と当時としてはまずまず頑張っただけでなく、ボディ形状の工夫で空力中心を重心より後方に持って行って、横風を受けたとき

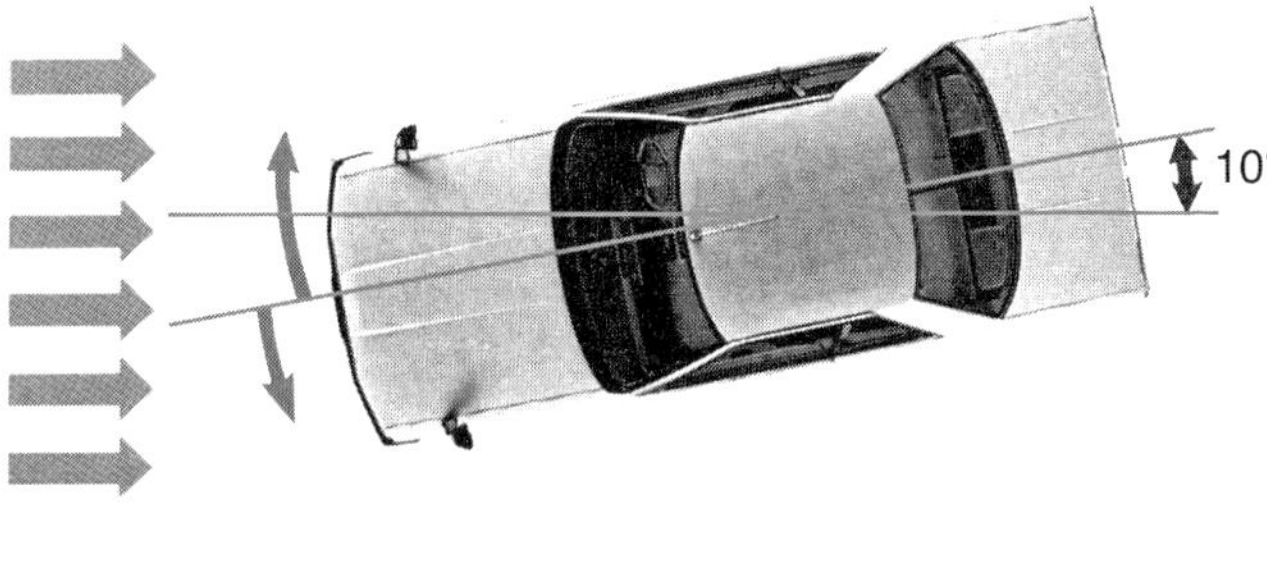

図3　偏揺れモーメント係数の向上（CMY+0.10→-0.04）

２ドアはCD=0.37、CLf=0.22、CLr=0.07という空力データ。ソアラのCD=0.35、CLf=0.12という発表値には若干劣ったが、桜井真一郎氏はインタビューで「数字よりバランス」と述べている。注目は車体後半部の形状によって空力中心を後方に変位し横風安定性を高めたことで、航空機において横の静安定を示す偏揺モーメント係数（CMY）を使ってヨー復元性を説明したのも「元飛行機屋」の面目躍如だった。

に風上に首を振る工夫をしました、とエンジニアから紹介されると、岡崎さんも平尾先生も「それは感覚と逆だ」と反論してる。これにはちょっと驚きました。平尾先生の理屈通りなら飛行機の垂直尾翼は尾部ではなく機首につけないといけないことになります。それと、これはまあソアラもピアッツァも同じでしたが、このクルマもシトロエンみたいなハンドルつけたり、メーターだけでなくヒーコンやオーディオ操作パネルも表示を赤くしてみたりと、いま見ると正直、痛々しい感じですねえ。

エンジン設計者 そうなんですよ。イタいんですよ。

シャシ設計者 機能にはまったく関係ないデザインのお遊びだから痛いんだね。その象徴がこの水平静止のメーター指針でしょう。

福野 80年代の日本とは確かに「痛い時代」でしたね。ところでMFRTのテスト結果で素人目に毎回面白いのは、やっぱ車重や動力性能の実測値です。一気に見ていきますとカタログ出力145ps（グロス値）のL20ET型2ℓ6気筒SOHCターボ搭載2000GT-E・Sが車重1262kg（前軸649kg／後軸596・5kg）で0-100km／h9・1秒、0-400m16・62秒、最高速度196・19km／h、150psのFJ20型2ℓ4気筒DOHC搭載2000RSは車重が50kgほど軽くなって1216kg（前後軸重未計測）、動力性能はほぼ同等の0-100km／h8・9秒、0-400m16・3秒、最高速度195・9km／h。そして190psのFJ20T型のRSターボは車重が元に戻って1261・5kg（前軸668・5kg／後軸593kg）、0-100km／hは7・2秒、0-400m15・2秒 最高速度216・4km／hです。いまでもよく覚えてますが、当時MF

ＲＴのこのデータを見たときは「ありえねえ！」と叫びました。

シャシ設計者　速すぎるってこと？

福野　はい。同じ谷田部のコース（日本自動車研究所ＪＡＲＩの５・５㎞の周回路）に街の走り屋さんのクルマを持って行ってよくテストしてたんですが、ＲＳターボで最高速２１５㎞／ｈといったら燃調チューンしてブースト圧あげたライトチューン車のレベルです。ノーマルだとこれよりまず10㎞／ｈは遅かった。

エンジン設計者　カタログ１９０psのＲＳターボのＭＦＲＴの駆動輪出力実測値が１５３・２ps／６５００ｒｐｍですからね。それこそありえない。ＪＩＳのグロス測定っていうのは排気管がドラッグレーサーみたいにエキマニまでしかなく、エアクリーナーなし、補器類はウオポンと発電機だけという状態ですから、いまのネット値の85％くらい。駆動輪出力でグロス値の80％なんて出るわけないでしょう。

福野　ＲＳターボが出た83年ごろは「カーアンドドライバー」という雑誌で岡崎宏司先生が独自のロードテストをやっていて手伝わされてましたが、燃料流量計を実装した市街地での燃費テストで最大瞬間流量70ℓ／ｈを記録した広報車がありました。なんのクルマとは言いませんが（笑）。

シャシ設計者　馬力出すには過給圧あげればいいけど、インタークーラーがついてないから高速ノッキングさせないためには燃料の気化潜熱でピストンと排気バルブ冷やすしかないということでしょうが、それにしても１時間で70ℓタンクが空になる瞬間流量とは凄まじいね。

自動車設計者　ＪＡＲＩの沼尻さんが「定格の５６００ｒｐｍを超えた６０００ｒｐｍでもまだ出力が落ちてい

図4	1983年2月発売RSターボ（グロス190PS）

R30型の大きな話題がRSの登場だったが、発売1年4カ月後にターボ版が出たときは「NA=DOHC信者」に衝撃が走った。「西部警察」の3台を思い出す方も多いだろう。このRSのフロントグリルはいま見ても秀逸。ベンツがサッコプレートのSクラス（W126）を発売したのは1979年で、3代続いた「サーフィンライン」を捨てて前後バンパーを一直線に結んだのはその影響もあっただろうが、赤いメーター表示やRSのブラック2トーンには当時いささか時代遅れ過ぎるフェラーリBB（1973〜83年）の影響を感じたものだ。

図5	1984年2月発売RSターボ+インタークーラー車

RSターボ登場5カ月後の1983年8月にRS系がフェイスリフト、通称「鉄仮面」になった。1979年のファイアーバードのマイチェンの影響が大きく、当時は人気もあったが、現在の視点ではむしろ「改悪」に感じる。「この写真でお分かりのように鉄仮面はグリルを塞いだ代わりにバンパーにエアインテークを開けちまった。衝突安全性の観点からはありえない改悪です。その点でもオリジナルのフェイスの方がはるかにまっとうな設計（エンジン設計者）」。トヨタ、ホンダ、スバルはターボ初期の時代にコンパクトな水冷インタークーラーを採用したが、日産は当初から冷却効率のいい空冷式だった。

ない（82年1月号）」と遠回しに広報チューンを指摘してるし、ＲＳターボの座談でも評論家の舘内さんが「性能データから逆算するとカタログ値の方が嘘だ」とややこしい言い回しをしてますが（笑）、桜井さんはターボの出力は過給圧次第でどうとでもなるなどと暗に広報チューンを認めるような返答さえしてます。

シャシ設計者　ＪＡＲＩの岩井さんはＭＴがもっと良ければ15秒を切ったかもと言ってますが、ＭＴについては発売時から評判が悪かったようですね。82年6月号のＲＳの座談では岡崎さんがフィーリングとともにレバー位置の不備を指摘したのに対し、実験部の正木さんが「（レバー位置は）全シリーズのなかでの妥協点になってしまっている」「スカイライン唯一の問題点と認識している」と正直に答えてて、83年9月号のＲＳターボに至っては桜井さんが「ミッションについてはもうなにを言われてもいい」と笑っちゃってて、これは当人たちもよほど苦りきってたというのか。

福野　まあでも正直に認めてててここはエンジニアらしいと思いました。中の人が「最新のポルシェはちっとも最高じゃないポルシェだ」と痛感してるからこそ、ポルシェは毎年改良するんであって。

シャシ設計者　それはもちろんそうです。

福野　ＲＳのＭＴには私もいい思い出ありません。とくに2速シンクロですね。「このクルマはかなりマシだな」と感じた広報車個体でも、コースに出して動力性能測った帰路ではもう2速でギヤ鳴りが出るなど、フィーリングが大きく劣化してました。ＭＦＲＴの先生方はみなさん紳士なので控えめですが現場での評価は辛辣で、谷田部にはスカイラン伝説なんてなかったですね。

エンジン

福野　R30型は1981年8月18日発表時点で6気筒2・0ℓターボ145ps・L20ET型、同NA仕様125ps・L20E型、4気筒2・0ℓNA120ps・Z20E型、1・8ℓNA105ps・Z18型を搭載してました。セダンにはLD28型2・8ℓディーゼル91ps仕様も設定してました。このときL20には改良があったようですね。

エンジン設計者　6気筒L型は1965年10月発売の2代目セドリックH130型の最上級モデル「スペシャル6」に採用して以降、ずっと使われていたエンジンで、スカイラインにはC10型（「愛の〜」）から搭載、当初ボアピッチ95・0㎜（センター部97・0㎜）の4ベアリングだったのを1969年生産以降の生産型からボアピッチ96・5㎜（センター部98・0㎜）の7ベアリングに設計変更しています（当時はL20A型と呼称）。

福野　R30型までは「スカG」といえばL20型搭載車のことでした（GT‐Rは「R」）。

エンジン設計者　R30デビュー時点ですでに16年も使いまわしていた旧式エンジンだったわけですが、燃料噴射量、EGR量、点火時期、アイドル回転数をマイコン制御するECCSの採用、圧縮比アップ（8・8→9・1）に加え、ピストンピン径を21㎜から20㎜に、クランクシャフトジャーナル径を50㎜→45㎜に変更して軽量化、シリンダーブロックも贅肉を削るなど大きな改良をしたようです。単体重量は5代目C210（「ジャパン」）搭載時の190kgから170kgへ軽量化（ターボエンジンはマイナス11kg）しています。まあなにせもとが2ℓで190kgですからね（ちなみに2020年のゴードン・マレー設計T・50に搭載したコスワース4ℓV12はF1エ

図6　FJ20型（グロス190PS）とFJ20T型（グロス190〜205PS）

RSが採用した当時新設計のFJ20型DOHC4弁エンジン。70年代にセドリックとグロリアの230/330/430型などの廉価車種やキャラバン、ホーミーなどに搭載していたH20型2ℓOHVエンジンの生産設備を流用するためボアピッチを共用していた。ただしエンジン設計自体はH型とはまったく無関係で、むしろS20型に近い。

図7

左FJ20ET型、右FJ20型4弁ヘッド。いずれも当時のカタログ掲載。

ンジンの設計からフィードバックした最新の耐久性シミュレーションを駆使した結果178kgに収まった)。

福野　7代目R31型(「7th」)では6気筒4弁のRB20DE系に世代交代。最終型のL20になぜここまでカネをかけたんでしょうね。

シャシ設計者　MFRT座談で岡崎宏司さんが「4気筒がお買い得」と言ってますが、Z20E型は出力もL20Eと5psしか違わないし、古い6気筒にカネかけて軽量化するより4気筒積んだ方が軽いに決まってる。「4気筒はGT-Rじゃない」ということでFJ20搭載車は「RS」の名になったらしいけど、4気筒でスポーツモデルを作ったのは運動性にとっては正論でしょう。

FJ20型エンジン

福野　2・0ℓ4弁DOHCのFJ20型系の開発コンセプトについては「ニューモデル速報第9弾新型スカイラインRSのすべて」の技術懇談会で開発当事者の方々が語っているので、ご興味ある方はそちらをご参照ください。

自動車設計者　このときBMW・M1はもう出てたのかな(M88型3・5ℓ6気筒4弁277psをミドに縦置搭載)。ベンツの190E2・3-16はもっとあと?

エンジン設計者　M1は1978年、ベンツは84年になってからです。GT-RのS20型もM88型もレーシングエンジン母体なので、量産前提の4弁という意味ではＦＪ20は嚆矢でしたね。ＦＪ20や1Ｇ-ＧＥ（1982年〜）を見て、ベンツも「うちでも4弁やらな」となって、日本のメーカーにまで設計・生産協力を打診しまくって、結局4気筒16弁のＭ102・983型はコスワース、6気筒24弁Ｍ104・980型はＡＭＧに投げたんですね。

福野　日本にまで打診がきてたとは本邦初耳です。

エンジン設計者　ＦＪ20型のボアピッチは1962年に登場し、70年代にかけて日産車の主力エンジンだった4気筒Ｈ型ＯＨＶと同値で、生産設備の流用を図ったものと思います。カム穴を使ってカムチェーンを2段減速しているのもＯＨＶの名残ですが、デッキハイトやボア×ストローク値はＨ20型とは違います。89㎜×80㎜というのはＢＭＷが1966年のＦ2用Ｍ10型から始めて市販6気筒Ｍ30型にも使ったおなじみの値なので、ＦＪ20には当時から「ＢＭＷパクリ疑惑」があったようですが、さっき言いましたように設計的にはまったく関連ありません。1気筒500ccならボアスト値のマジックナンバーは昔から86×86、87×84、89×80、ショートストロークの限界の92×75と、おおむねこの4種類に決まってますから。バルブ挟角ですが、吸排気30°づつの60°で、設計者は例によって「バルブ径を拡大するため」と言ってたようですが、当時の各社ＤＯＨＣやＳ20型同様、主な理由は生産性です。図8を見ても明らかにカムキャップボルトＢがヘッドボルトＡを逃げています。これが「バルブ挟角60°」の真の理由。

自動車設計者　こんなのカムキャップを各気筒のボアセンターに持ってくればいいだけの話でしょう。

エンジン設計者　その通りです。このあとの時代のＤＯＨＣエンジンはちゃんとみんなそうしてました。つまりこのエンジンは旧来生産設備都合を引きずっていて、デビュー時点でもかなり古臭かったということです。ヘッド断面（図９）はＳ20そっくりで、これはもう「コピー」といってもいいでしょう。Ｓ20の登場から12年もたってるのに。

シャシ設計者　Ｓ20型がクライマックスＦＰＦのコピーで、ＦＪ20はそのコピーということか。

エンジン設計者　もちろんＧＲ８とＳ20ではヘッドの設計もカムドライブ（ＧＲ８はギヤ駆動）も違いますから、ＦＰＦとＦＪ20にはもう関連性はほとんどないですが。ただしＦＪ20のオイルポンプがＳ20のオイルパン吊り

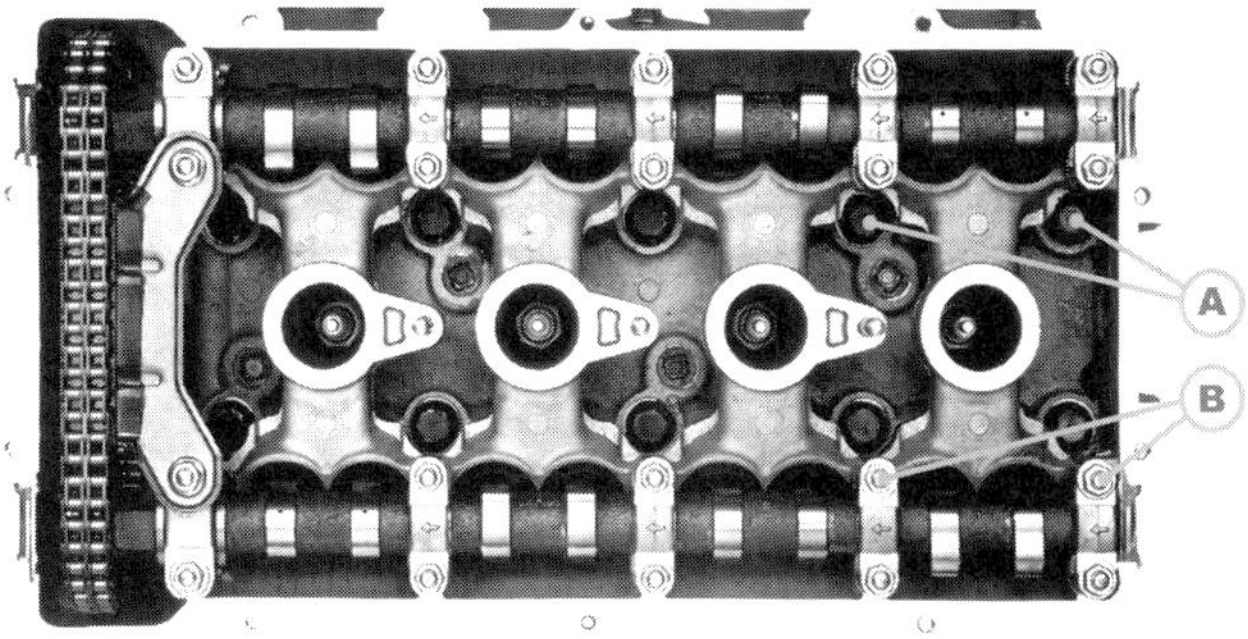

図8　FJ20型のヘッド上面

旧来DOHCヘッドのバルブ挟角は「バルブ径」「ポート形状」との関連で決定されると喧伝されてきたが、本稿講師によれば実際には生産都合による事情が圧倒的に大きいという。Aはヘッドボルト、Bはカムキャップボルトだが、バルブ挟角を大きく取れば写真のように双方が干渉しないから、サブラインでヘッドを組み、バルブクリアランスを測定・調整してからメインラインに持って行ってシリンダブロックに乗せヘッドボルトを締める、という工程で生産できる。「90年代くらいまでのDOHCエンジンのバルブ挟角が広いのは主に生産性都合です。当時はとにかく生産性絶対でしたから（エンジン設計者）」。

下げ式からクランク同軸になったのは劣化です。図9は左側が吸気、右が排気ですが、よく見ると排気ポートの上に丸穴が見えます。冷却水路です。ここに冷却水路を回すには、製造の際に金型の中に入れるシェル中子を2分割にして、さらに合わせ面をパテ埋めして隙間を完全になくしてから鋳造しないと、冷却水路内に湯バリが出て冷却水の流れを阻害します。通常こんな設計したら生産サイドに拒絶されます。

福野　空燃比リーンで排気温度下げて排気バルブ守る意図ですか。

エンジン設計者　むしろ真上にあるバルブスプリングとシートです。排気熱でコーキングが生じるんで（金属表面の温度が350°C以上になるとエンジンオイルが燃焼して金属表面に付着する現象）。シリンダーも日産の高性能エンジ

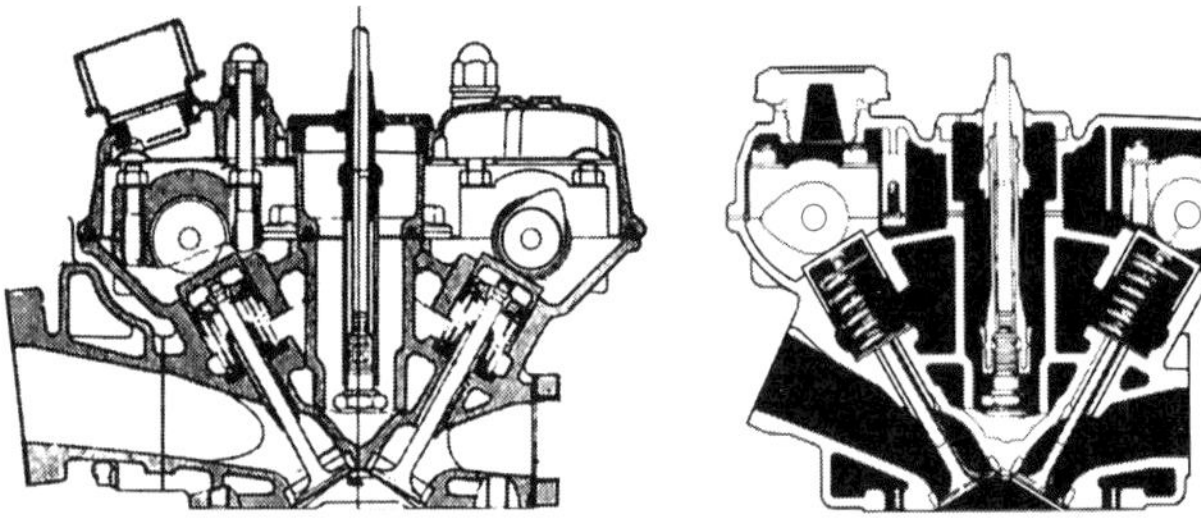

図9　**S20型とFJ20型のヘッド比較**

左は1969年のGT-R用6気筒2.0ℓ4弁S20型。図のサイズはボア径でおおむね合わせた。FJ20のヘッドはバルブ挟角（60度）だけでなくポート形状や冷却水路などもS20に酷似しており、コピーといってもいいだろう。バルブ径はS20が81mmボアで吸気32mm／排気29.5mm、FJ20が89mmボアで吸気34.5mm／排気30mm。吸排気バルブの面積比を音速比に合わせる現代の設計からするといずれも排気バルブ径が大きい。バルブ開度はS20型が吸排気250°/オーバーラップ50°、FJ20型は吸排気256°/オーバーラップ40°（ターボ34°）。「どうしてこれで当時の排ガス規制を通ったのか、巨大な謎です」（エンジン設計者）。

ンの伝統通りフルジャケット。R35GT‐R用のVR38DETT型（3・8ℓV6ターボ）も同じです。

4気筒の搭載

福野　MFRTの座談では岡崎宏司さんが「搭載上で4気筒のメリットが生かされていないのは残念」と発言してます。

自動車設計者　図10を見れば一目瞭然です。

エンジン設計者　L型エンジンは4気筒も6気筒もSOHCのカウンターフローですからエンジン左側に吸排気系があり、車両は右ハンドル側にマスターシリンダー、クラッチ系、ステアリングシャフトがあって、しかもスカイラインは右ハンドル専用車、つまり長年これでなんの

図10　R30型の各エンジン搭載位置

上：2.0ℓ直6 125PSのL20E型、中央：2.0ℓ直4 120PSのZ20E型、下がFJ20E型。吸排気が左側にあるＬ型では車両側メカとの干渉がないためエンジンを隔壁に寄せて搭載しているが、クロスフローのＺ型とFJ20型ではサージタンクなどのレイアウトの工夫をせずに６気筒車と前端ぞろえにエンジンを車軸に対してオーバーハングした位置に乗せた。S110型シルビア/ガゼールではちゃんとサージタンクをいじって隔壁に寄せたし、1982年５月に登場したR30型母体のグループ５レーシングカーでも競技用設計のLZ20B型を当然ながらフロントミドに搭載している。初代ローレルとC10スカイラインを見くらべてもそうだが、プリンス伝説に反して日産・追浜の方が技術が高くまっとうな設計をしていたという印象がある。

問題もなかったわけですが、R30型で右吸気・左排気のクロスフローZ型4気筒を搭載する段になってサージタンク後端部がマスターシリンダーに干渉する問題が生じ、インスタントに「エンジンを前に出して積んじゃった」ということでしょう。FJ20も同様です。FJ20型の開発に携わった日産工機のエンジニアが2015年2月の「Nostalgic 2days」の講演会で「サージタンクをエンジンから離してインマニ長くして性能上げたいと頼んだら、桜井さんにあっさり『いいよ』と言われた」というエピソードを紹介したそうですが、R30は当初からロングで車体形式を1本化するつもりだったから、4気筒の搭載位置など重要案件ではなかったのかもです（ショートノーズならいやがおうでもエンジンは後端寄せにせざるを得ない）。またS20同様エンジンは排気側に15°くらい傾斜してるんですが、いっそBMWみたいに30°くらいまで倒せば車体との干渉の問題は解決できたと思います。

シャシ設計者　一般論で言うとエンジン搭載位置問題にはオイルパンもからんでます。当時の日本車はプレス加工だから成形の都合上、オイルパンのオイル溜まりを前後どっちかに寄せるしかない。いってみれば搭載位置は「前か後ろか」の両極端しかない。4気筒はなまじ短いからなおさら融通がきかないです。

自動車設計者　そうですね。ヨーロッパ車はアルミ鋳造で上下2分割のオイルパンを作って、オイル溜まりを幅広にするなどして搭載自由度を上げてた。BMWなんかは悪路でぶつける可能性も見越してアルミ鋳造パンの底部分だけ鉄板にしてたから、二枚上手です。

エンジン設計者　当時の日本の自動車メーカーはとにかく素人ウケするDOHCとかターボ、スペックに跳ね返る派手な部分ばかりコストをかけて、腰下のようにカタログに関係ない部分にはお金はかけませんでした。だから日産に限らずどのメーカーの高性能エンジン見ても、腰下のスペックが貧弱です。ただ搭載位置については、82年4月にFJ20のNA版をS110型シルビア／ガゼール（1979年〜1983年）に積んだとき「サージタンク小型化」「インマニ短縮」「カムカバー形状変更」などを行ってちゃんとエンジンルームの後端に寄せてます。ウィキペディアにも書いてあります。まあついでに「旧プリンス自動車工業系エンジンと日産系シャシーの相性の悪さを露呈も示すもの（原文ママ）」なんてまったく的外れな独自研究も書いてありますが（笑）。

自動車設計者　MFRTの座談では搭載位置問題に関する開発者のコメントはないですね。

シャシ設計者　岡崎さんがせっかく話題をふ

図11　**FJ20ET型**

1983年2月に追加投入したFJ20のターボ版。圧縮比を9.1から8.0に低下したエンジンにL20ET型と同じギャレットエアリサーチ製T3ターボチャージャーを装着、タービン径58.9mmのエギゾーストハウジングのA／RはL20ETの0.36に対し0.63という高出力仕様（=低レスポンス仕様）で、350mmHg（約0.46bar）の最大過給圧には2400rpmでようやくインターセプト、点火時期をノックセンサー情報で電制し、6500rpmでNA版の27%アップの190PS（グロス値）を発生した。84年2月には空冷インタークーラー付き205PS（グロス）にバージョンアップした（1985年4月のネット表記化で190PSに戻る）。

ってるのに、大学の先生たちが「スカイラインはやっぱ6気筒」とか「私は乗りこなせない」とか、とんち問答をして話題がそれてしまってます。

エンジン設計者　評論家先生はＦＪ20についてはＮＡ版もターボ版も絶賛だったようですが、このエンジンて、バルブオーバーラップ40°ですよ（ターボも34°）。あり得ないですよＳ20でさえ50°なのに。こんなんでよく排ガス通ったなと。調べてみたら少しあとに出てくる１Ｇ‐ＧＥＵや４Ａ‐ＧＥＵはオーバーラップ15°、「回らない」「パワーない」「パンチない」と酷評されたＲ31型のＲＢ20ＤＥＴも15°でした。

シャシ設計者　そこにＦＪ20伝説の秘密があったかー。ひょっとして「秘術：特例お目こぼし大会」？

エンジン設計者　わかりません。

福野　これは広報チューンよりさらにヤバい話ですね。

エンジン設計者　「過給すれば燃費向上」という部分負荷ポンピングロス低減理論を持ち出して無理やり運輸省に認可させ、燃費向上論に辻褄を合わせるためハイギヤ化して誤魔化したというのが当時の各社ターボ車の実態、ようするに日本車のガソリンターボなんて存在自体が最初から茶番ですから、ＮＡも含め推して知るべしです。

サスペンション

福野　サスについてはどうですか。当時のRSのカタログには「世界でも第一級と激賞されるサスペンション」などと書いてあります。いまなら景表法の優良誤認表示になりかねない表現ですが。ははは。

シャシ設計者　フロントはピアッツァ同様旧式のIアーム＋テンションロッド式のストラット。基本的にはアンチダイブがマイナスになる形式ですね（荷重移動分よりも大きくノーズダイブする）。キャスター角5°±50'でソアラよりイニシャルで50'大きいですが、こちらもフォアラウフは採用してないしオフセットコイルも使ってません。6気筒車のリヤはセミトレ。後輪駆動車の独立懸架では駆動トルクの反力はデフが受け持つので、サスに加わる力はハブのスピンドル中心とサスの側面視での上下動の瞬間中心との関係で決まってきます。車軸より低い位置にあるサブフレームにアームをマウントしているセミトレの場合は、駆動時のアンチスクォート率がマイナスになり、荷重移動以上にリヤが沈みます。したがってこのクルマも加速すればスクォートし、減速するとノーズダイブするというようにピッチング方向の動きが大きかったことでしょう。クルマを背面視したときのリヤサスの瞬間中心は高いので、アンチロール・ファクターは高いですが。

福野　なるほど。明快です。

シャシ設計者　総じてソアラやピアッツァ同様70年代前半的な設計です。

福野　セミトレのアームの内側マウント位置を上げてますが、これはバンプしたときのトーインへのアライメン

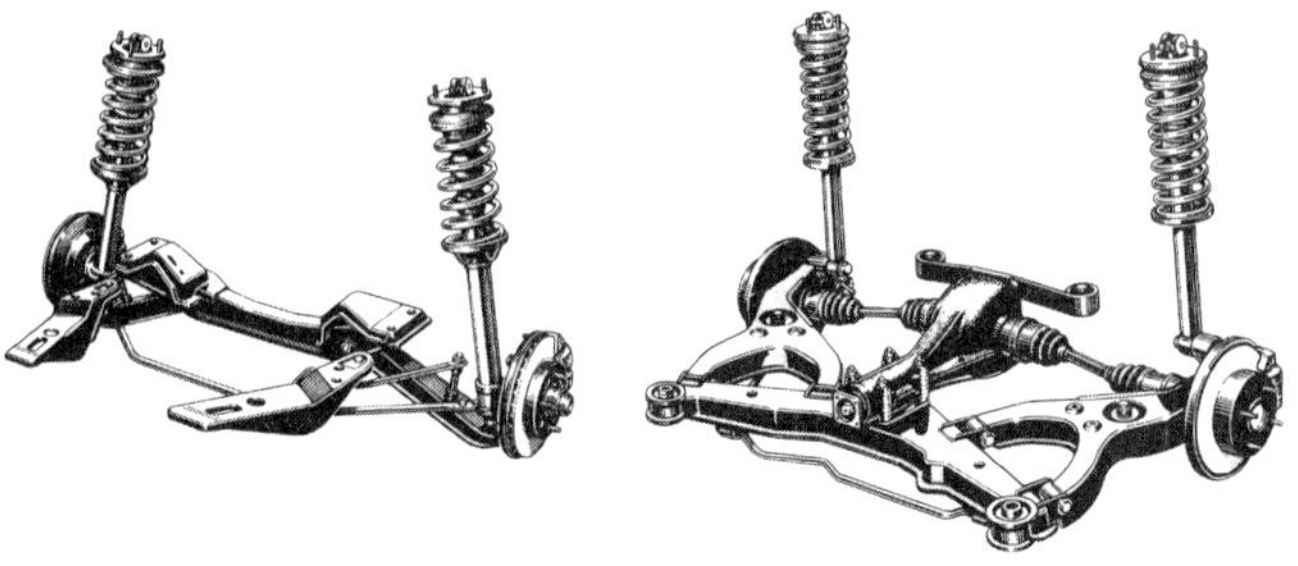

図12　R30型のフロント=ストラット、リヤ=セミトレーリングアーム式サスペンション

フロントはIアーム+テンションロッドという70年代的設計で、ピアッツァとは違いテンションロッドは鋼製の棒材。リヤは内側のピボットをやや高くマウントしたセミトレで、デフマウントは当時の日産車に多かったばね鋼式である。「基本的にはフロントのアンチダイブも駆動時のリヤのアンチスクォートもともにマイナスになる形式ですから、加速時には荷重移動分以上にリヤが沈み、制動時は荷重移動分以上にフロントがダイブするはずです。箱型ボディで重心が高いからなおさらでしょう。セミトレの内側マウント位置を上げたのはロールアンダー傾向にするためですが、操舵時の安定感は横力アンダーにしないと向上しません（→ロールアンダーはロールしてから作用、横力アンダーは横力が加われば即作用）（シャシ設計者）」

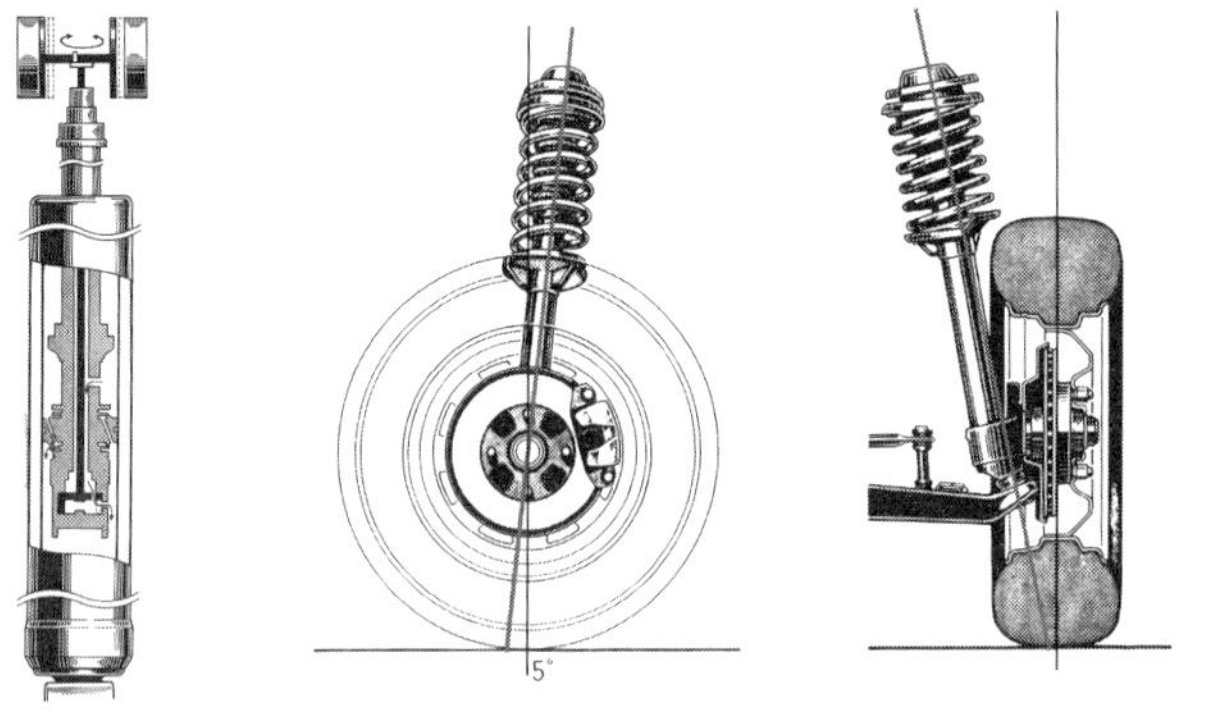

図13　フロントのジオメトリーと可変ダンパー

フロントは約5°(4°50'±50')と当時の日本車としてはキャスター角が大きく、これに連動してスクラブをプラス15mmと少なくしているが、フォワラウフ(側面視で車軸中心よりキングピン軸を後方に配置したハイキャスター+小キャスタートレールのアライメント)はまだ採用していない。コイルばねもオフセットなしだ。RS系やL20ET搭載のターボGT-E・Sには前後同時制御の3段可変ダンパーを採用、「可変サスもの」の先駆けとなった(この時点で世界初)。しかし実際の操縦フィールはダンパーの基本設計とともに、当時は少なくなかったユニット個体差でも大きく左右された。

ト変化傾向を強めロールアンダーにすることで、セミトレの欠点であるコンプライアンス変化による横力オーバーステア傾向を相殺・緩和してリヤを安定させるという意図ですね。

自動車設計者　ＭＦＲＴの座談ではＬＳＤの作動と操縦性との関連の話がさかんに出てきてますが、基本的には重心高が高くオーバーハングも大きい箱型車体に対して、姿勢変化が大きく基本が横力オーバーステアのセミトレの組み合わせですから、操縦性は「軽快」とは言い難いものだったでしょう。まあこれはソアラも同じですが。

福野　はい。まあ現在の視点ではどんな性能にだって骨董的価値はあるわけですが。

自動車設計者　ばね鋼を使ったデフマウントがついてますね。横力ステアを考えたら左右は固めたいし、乗り心地考えたら前後にコンプライアンスを取りたいということでしょう。

シャシ設計者　調べてみたらこのデフマウントは日産追浜開発のＣ30型の初代ローレル（１９６８〜72年）が使ってました。フロントは後方ストラットバー＋前置きラック＆ピニオン、セミトレもコイルばねをダンパーと分離するという、同年登場のＣ10スカイラインよりはるかに進んだ設計思想のクルマでしたが、それを持ってきたんでしょう。ただもちろん、操安性に関してリヤサスで大事なことはデフマウントも含めたサブフレーム系全体のコンプライアンス・ステア変化を使って横力アンダーを出すことです。当時の世界の第一級品はセミトレにリンク機構をつけるなどいろんな工夫をしてましたが、日本のメーカーは横剛性が低いというセミトレの致命的な欠点を最後まで克服できないまま、マルチリンクに行ってしまった感があります。

福野　いやまさにセミトレの欠点を抜本的に解決したのがR31＝7thのアクティブステア（＝HICAS）じゃないですか。HICASは当時の各社の後輪逆相操舵付き4WS＝通称「小回りくん」とは一線を画した同相制御のみのリヤ安定化思想で、パッシブ横力ステア全盛のヨーロッパ車に対する逆転ホームランだったと思います。ただR31の時点では「セミトレの欠点を消した」程度の効能しか上がっていませんでしたが。HICASが威力を発揮したのはリヤにキングピン軸を設定できるマルチリンクになってからですね。このあたりもいずれ講師の皆さんの意見を伺ってみたいと思います。

日産スカイライン（R30型）ハードトップRSターボ
（1983年2月発売型=鉄仮面なしインタークーラーなし）

全長×全幅×全高：4595×1665×1385mm

ホイルベース：2615mm

トレッド：1410mm／1400mm

カタログ車重：1180kg

MFRT実測重量：1261.5kg（前軸668.5kg=53%／後軸593.0kg=47%）

前面投影面積：1.83m²（写真測定値）

燃料タンク容量：65ℓ

最小回転半径：5.1m

MFRT時装着タイヤ：ブリヂストン ポテンザ RE86 195/60R15
（空気圧前後2.0kg/cm²）

駆動輪出力：153.2PS/6500rpm

5MTギヤ比：①3.321 ②1.902 ③1.308 ④1.000 ⑤0.833

最終減速比：3.900

MFRTによる実測性能 5MT車：0-100km/h 7.2秒　0-400m 15.20秒

最高速度：216.4km/h

発表当時の販売価格：2000RS（1981年10月発売時）217.6万円

ターボRS（1983年2月発売時）235.6万円

発表日：1981年8月18日

1981年8月～1985年8月の累計生産台数：40万6432台（平均8467台/月）

モーターファン・ロードテスト（MFRT）2000GT-E・S

試験実施日：1981年9月21～25日／10月5日

2000RS試験実施日：1982年1月14～21日

RSターボ試験実施日：1983年5月20～27日

場所：日本自動車研究所（JARI）

サスペンションの
基礎とマルチリンク

（モーターファン・イラストレーテッド　153号再録）

独立懸架式サスの基本は5リンク式マルチリンクである

一般的にミニカーやラジコンカー、ゴーカートにはサスペンションはついていない。しかしちゃんと走る。

サスペンションがなくてもクルマは走るのである。

ただしサスペンション＝サスがないと、路面の凹凸がそのまま車体に伝わって乗り心地や接地性が非常に悪くなる。そこでクルマはサス機構を設けて路面に沿ってタイヤが上下できるようにし、路面から伝わるショックをばねによって緩衝している。

これだけでは、ばね上やばね下の共振が生じてとまらなくなるので、ダンパーを取り付けて振動を減衰する。

ショック（衝撃）をアブソーブ（緩衝）するのはばねの役目である。ばねによって生じた振幅を減衰するのがダンパーの役目である。

したがってサスペンションのことを「ばねとダンパーを設けるための機構」と考えてもいい。

自動車が誕生した当時のサスペンションは、馬車のように両輪の回転軸を収めた車軸をリーフスプリングで懸架しており、板ばねで車軸の位置決めをすると同時にショックを緩衝、さらに重ねた板ばね同士が擦れ合うときの摩擦を使って上下揺れの減衰を行なっていた。

この構造がアームやリンク、ばね、ダンパーに機能分離したのが現在のサスペンションである。レーシングカーにもサスペンションはついている。サスペンション機構をつけて路面のわずかな凹凸やうねりにタイヤを追従させたほうが、接地性が上がってタイムアップに有利だからである。市販車のサスペンションがリジッドから独立懸架式へと発展したのもタイヤの接地性を高めて操縦性、操縦感覚、乗り心地などをよくするためだ。

ところで**あらゆる物体は6つの自由度を持っている**。**X、Y、Zの並進運動とX軸、Y軸、Z軸周りの回転運動だ**。

「タイヤが車体に対して上下に動くことができる」というのは、言い換えればサスペンション機構全体が本来持っている自由度に対して「**上下動に対する1自由度のみが許容されている**」という現象である。

もし自由度を2以上許容したらタイヤはぐらぐらになって走行性能が定まらない。もし自由度を全部奪ったらタイヤは上下できなくなってミニカーに戻る。

すなわち「1自由度の保有」が独立懸架式サスの成立の根幹である。

非常に単純に考えると、いま空間に浮いているタイヤと車体を1本のリンクで連結したとすれば、タイヤが持っている6つの自由度のうち1自由度が拘束される。

もう1本繋げば2自由度が奪われる。

もう1本繋げば合計3自由度が拘束される。

5本のリンクで繋げば自由度は5奪われ、残りは1自由度になる。

つまり**5本のリンクで車体とタイヤを結び、タイヤに1自由度を残すのが独立懸架式サスペンション機構の基本**ということになる。

5リンク式マルチリンクはサスペンション究極の進化形ではない。その逆だ。**5リンク式マルチリンクこそ独立懸架式サスの基本である。すべての独立懸架式サスペンションの形式は「5リンク式マルチリンクの簡略形」であるといってもいい。**

馬車式のリーフリジッドからスタートしたサスペンションが100年を費やして前後独立懸架の5リンク式マルチリンクに至ったのはしたがって進化の必然である。

サスの名称

サスペンションのようにさまざまな部材が関節で連結して動くような機構を「リンク機構」という。これを考える学問が機構学である。

それとは別に、力学では回転可能なピンジョイント（ブッシュやピロボール）によって両端が支持され単独で構成されている棒状の部材を「リンク」と定義している。

リンクはその延長方向（圧縮と伸び）でしか力を支えられない。

サスペンション機構の名称としては「ロッド」もリンクと同意である。

一方、棒の途中に他の棒を連結したりして2ヵ所以上で支持している場合の部材を力学では「アーム」と呼ぶ。

リンクはリンクの方向だけにしか力を取れないので単純だが、アームは2ヵ所以上で支持するため、取り付け部のブッシュ剛性の配分などによって力のつり合いの方向が変わる。アームには「不静定」の要素が介在するといってもいい。

ベンツが１９８２年の１９０Ｅ（Ｗ２０１）のリヤに初めて採用した5リンク式マルチリンクは、それぞれ両端をブッシュで支持した5本のリンクを使うレイアウトだ。前記のようにこれが独立懸架式サスの基本形だが、その5本のリンクのハブ側のピボット部を2本ずつくっつけて簡略化し、リンクをアーム化した（リンクをAアームにした）のがダブルウイッシュボーンだともいうことができる。

横力を取る部材を「トランスバースリンク」「ラテラルロッド」、また前後力を受け持つ部材を「ラジアスロッド」「テンションロッド」などと呼ぶこともあるが、これらは「Aアーム」や「台形アーム」などと同様、設計者や記述者の好みによる任意の名称であって厳密な定義ではない。

サスペンションの機構学ではリンクとアームの違いをおぼえておけばいい。

荷重移動の基本

クルマの重心点は地面よりも高い位置にある。

重心高はスポーツカーで400～500㎜、セダンで500～600㎜、SUVやミニバンでおおむね600㎜以上である。

Ⓐ走行中ブレーキペダルを踏んで制動すると、タイヤの接地面に制動力が発生する。Ⓑしかしクルマ

は慣性でそのまま前進しようとするので、制動力に対して逆向き、つまり車両前向きに制動力と同じ大きさの慣性力が発生し、重心点に対して作用する。Ⓒクルマの重心点は地面に対して高い位置にあるので、慣性力の作用によって荷重は前方に移動し、前輪の荷重が増す。Ⓓクルマはばねで車体を支えているから、前輪の荷重が増せばフロントの荷重を支えているばねが縮んで車体が前方に傾く。

このⒶ→Ⓑ→Ⓒ→Ⓓのプロセスによって生じるのが、ようするにノーズダイブである。

「ノーズダイブするから荷重が前輪に乗る」のではない。まず荷重移動ありきである。ミニカーやラジコンのようにサスなし・ばねなしでも荷重はちゃんと移動している。

では次だ。

Ⓔアクセルを踏んでタイヤに駆動力をかけ発進すると、そのまま静止していようとする慣性がクルマに働くため重心点に対し後ろ向きの慣性力が生じる。Ⓕクルマの重心点が地面より高いために荷重はリヤに移動、リヤのばねが荷重で縮んで車体が後方に傾斜する。Ⓔ→Ⓕのプロセスによって生じるのがつまりスクオートである。スクオートするから荷重が移動するのではない。

実はコーナーリングでも似たようなことが起きている。

Ⓖハンドルを切ってコーナリングすると前輪にスリップアングルがついてトレッドに横向きの力＝コー

ナリングフォースが発生、ノーズが回頭して車体にヨーがつく。このとき重心点には外向きの慣性力（遠心力）が生じ、荷重は旋回外輪に移動する。Ⓗすると外側輪のばねが縮み、クルマは旋回外側に傾斜する。このⒼ→Ⓗのプロセスによって生じるのがロールである。ロールするから荷重が移動するのではない。

ようするにクルマを横から見ても前から見ても起きていることは同じである。

①地面から離れた位置にある重心点に慣性力が働くから荷重が移動する。

②荷重が移動するとばねが縮んで車体の姿勢変化が起きる。

③ばねがなければ姿勢変化は起きないが、荷重移動はサスなしでも起きる。

④重心が地面にあれば荷重移動は起きない。

⑤前後の荷重移動量は重心高÷ホイールベース×加（減）速G×ばね上質量である。

⑥左右の荷重移動量は重心高÷トレッド×横G×ばね上質量である。

サスペンションの干渉

ここまでは簡単だ。しかし実際には荷重移動によって励起されるこの姿勢変化にサスペンションの存在が干渉する。

タイヤはサスペンションに取り付けられているため、サスの機構に規制された動きしかできない。タイヤがある瞬間に動く方向を決めているのは、サスペンションのリンク機構によって空中に生じている仮想中心である。2次元視すれば点なので、これを「サスの瞬間中心」という。

（参考1）リンク機構の特性上、サスが動けば作動中心の空間位置も動く。このため「瞬間中心」と呼ぶ。

（参考2）サスの瞬間中心は、セミトレーリングアーム式サスペンションの作動軸のように空中で3次元的に傾斜している。なので横から2次元視したときの中心点と、前から2次元視したときの瞬間中心は同じ位置・高さにはない。

姿勢変化の場合「瞬間中心の方向に正対する力」がタイヤの接地点に加わったとすれば、サスアームはそれに対して真っすぐに突っ張るため、タイヤは上にも下にも動けない。

もし瞬間中心からほんの少しでも上にそれた方向に力が加われば、サスはすらっと上に動いて、路面基準でみれば車体は沈む。

タイヤに加わるこの力の方向を決めているのが「合力点」である。

合力点は重心と密接な関係がある。おおむね重心が高ければ合力点の方向も高い。合力点の方向と瞬間中心の方向の「ずれ」がタイヤが動く方向を決める。ずれが大きくなればなるほどサスが突っ張る働きは弱くなる。サスの瞬間中心がもし地面にあれば、サスによる干渉はゼロになって、クルマは荷重移動によって励起されたぶんの姿勢変化をする（＝ばねしかついていない場合と同じだけの姿勢変化）。

例えばリヤのサスアームが突っ張ることで、ばねしかついてない場合よりも制動時のノーズダイブが少なくなったとしたら、これがリヤサスの「アンチリフト効果＝アンチリフトジオメトリー」だということができる。

リヤサスの設計上、瞬間中心をどこに置くか、その変化をどう設定するかでアンチリフト特性は変わる。合力点の方向と瞬間中心の方向が一致してサスアームが１００％突っ張ったらアンチリフト率は１

００％だが、瞬間中心が地面にあってダイブをすべて許したらアンチリフト率は０％である。

同様にフロントサスでノーズダイブを抑制するのがフロントサスの「アンチダイブジオメトリー」だ。

クルマを前から見たときもサスによる干渉は同じである。ここが面白い。

旋回外側輪の接地点から見て、サスの瞬間中心の方向が合力点の方向よりも低ければ、作動の支点よりも上方にむかって力が作用してるのだからサスは上に動くしかない。

だから旋回外側輪では車体が沈むのである。

内輪側では車体は浮き上がる。

ノーズダイブやスクオートと同様にロールもこうやって生じている。

サスの干渉によって、ばねだけしかついていない状態に比べてロールが小さくなっている場合は、アンチリフトやアンチダイブと同様に「サスによるアンチロール効果が作用している」と考えてもいい。

瞬間中心が高くなって合力点の方向に近づいていけば、アンチロール率はどんどん上がっていく。タイヤ接地点から見て合力点と瞬間中心の方向が一致すれば「アンチロール率」は１００％になって、どんな横Ｇをかけてもミニカー同様ロールはしなくなる。

また瞬間中心が地面にあればアンチロール率は０％で、クルマはなににも邪魔されず、ばねだけしかついていないときと同じように大きくロールする。

クルマの世界には「アンチロールジオメトリー」「アンチロール率」などという用語は存在しないが、力学としてはアンチダイブ、アンチリフトとまったくおなじだから、これをアンチロール率と呼んでなんの間違いもない。

サスの瞬間中心の位置（方向）はリンク機構の設計次第で決まる。フロントサスのアンチダイブ／アンチリフト、リヤサスのアンチリフト／アンチスクオート、そして旋回外側輪のアンチロールなどの設定はサス設計の要諦である。

クルマはロールセンター周りにロールしていない

ロールとは、サスの瞬間中心と合力点の力の釣り合いによって外側輪が沈み、同時に内側輪が浮き上がることによって車体が傾斜する現象だ。

すなわち左右のサスがリンク機構の規制にしたがってバウンドしたりリバウンドしたりしているだけのことであって、その結果として車体がどこかの空間の1点を中心に回転するなどということはありえない。

したがってサスペンション力学でいう「ロールセンター」とはロール運動の中心点ではない。

クルマはロールセンター周りにロールしているのではない。

だが「ロールセンター」などと聞けば誰だってそこがロール運動の中心点だと思ってしまう。実際そのような誤解をまねく表現をしている解説書はたくさんあるし、エンジニアでさえそう思い込んでいる人がいる。これは間違った命名の用語の典型である。

「ロールセンター」とは「ばね上とばね下がサスのリンクを介して横力を伝え合う合力点」のことだ。重心高からロールセンターの高さを引いたものがロールのモーメントアームで、この「モーメントをばねが受け止めるためにクルマがロールする」ともいえる。

ロールセンターの位置が地面に対して高くなっていくにつれ、車体をロールさせる力は低減される。だから「タイヤ接地点から見たサス瞬間中心の方向がアンチロール率を決める」という前述の解説と「ロールセンターを高く設定するとロールする力は小さくなる」というのは同じことだ。

⑦サスの瞬間中心の方向が合力点の方向に近づいていけばアンチロール率は高くなる。

⑧瞬間中心が地面に一致するとアンチロール率はゼロになる。

⑨サスの上下動にともなう瞬間中心の移動量が大きいとアンチロール率の変化が大きくなる（例：スト

ラット式サス）。

⑩ロールセンターに関する誤解を一掃するには、この概念を使わなければいい。ロールセンターを考えなくてもロールの力学は理解できる。

操縦性、駆動方式とサス設計

制動時ダイブや発進時スクオートとは違い、ロールの場合は最大ロール角に至る過渡特性が操縦性のフィーリングを大きく左右する。

最大ロール角度が小さくてもステアリングを切った瞬間にぐらっとロールすれば安定感は低く感じる。

これを決めるのは荷重移動の速さだ。

荷重移動が速やかに完了すればクルマの動きは俊敏に感じる。

ばね、スタビ、ダンパーをそれぞれ固くすれば確かに定常旋回中の最大ロール角度は抑えられるが、旋回に入る瞬間はロールそのものがまだ生じていないから、ばねもダンパーも旋回外側輪に荷重を伝達できない。タイヤがたわみながらまずサスのリンクだけが荷重移動を伝えるのである。

いったんロールが始まれば、ばねとダンパーもようやく荷重を伝え出す。

ダンパーはロール速度が最大のときに伝える力も最大になって、ロール角一定に落ち着くと伝えなくなる。

したがってダンパーが荷重移動に貢献するのはロールの中盤である。

ばねとスタビはロール角に比例して荷重を伝え、さらにロール角が最大になった時点で伝達荷重も最大になるから、ばねとスタビによる荷重の伝達はロールに対しプログレッシブだ。

つまりばねやダンパーを固めるより、サスの瞬間中心を高く設定した方が操舵応答性は上がる。

ただしここが肝要だが、タイヤが発生するグリップは荷重に対して非線形の特性を持つため、駆動輪のサスではロール剛性を下げてロールを許容し、左右の荷重移動を抑えた方が旋回内側輪でのグリップの低下が少なくなる。

つまりロール剛性の配分を低くした方が左右輪合計のグリップ=トラクションは上がる。

この認識において重要なのは、前輪を駆動するFF車と、後輪を駆動するFR／MR／RR車とでは、ロール剛性の設定の考え方が前後サスで真逆になるということである。

FF車ではフロントのロール剛性をリヤに対して相対的に下げたほうがトラクションが上がる。

後輪駆動車ではリヤのロール剛性をフロントに対して相対的に下げた方がトラクションが上がる。

これはサス設計の大きなポイントである。

例えばストラット式サスは、ストロークによって瞬間中心位置が大きく変化し、ロールしていくと、ばねだけの状態よりロールが大きくなっていく（＝アンチロール率がマイナスになっていく）特性がある。これはＦＦのフロントサスにとっては大変都合がいいが、ＦＲ車のフロントサスにとっては不利だ。

このように駆動方式によって最適なサス形式やサス設計は大きく変わる。

⑪ばねやダンパーを固めるよりもサスの瞬間中心を高く設定した方が操舵応答性は上がる。

⑫駆動輪サスではロール剛性を低くした方がトラクションが上がる。

マルチリンクの設計

もしタイヤの前方にまっすぐ伸びるリンクが配置できたら、タイヤに加わる前後力と同じ力を、そのリンクが延長方向で受けるだけで位置決めができる。設計は単純だ。

しかしマルチリンクはその前後力を、斜めに配置された５本のリンク（両輪で10本）で分担して受け持つ構造である。そのため1本あたりのリンクに加わる荷重は大きくなる。マルチリンクでは横力も互いに分担して支えなくてはならないから、横力に対する荷重も単純なトランスバースリンクの場合に比べて大きい。

自由度は高いが設計が複雑で難しい。それがマルチリンク式サスである。

5リンク式なら片側10ヵ所、両側で20ヵ所のマウント部がある。ばねやダンパーのマウント部も含めればさらにマウントブッシュの数は増える。それらのゴムブッシュのサスペンションストロークにともなって生じるねじりやこじりの、ホイールレート換算ばね定数の合計は、場合によってはコイルばねのばね定数の1割ほどにもなる場合があるという。

車体マウント箇所が増えればそれだけラインでの組み立てにおけるアライメント精度を出すのも難しくなる。

それらの解決方法のひとつがサブフレームである。

サブフレームの機能

サスペンションに比べて話題になることが少ないサブフレームだが、サスペンションの成立にとって極めて重要な構成要素である。

サブフレームの目的は、

①ロードノイズ、デフノイズなどの遮断

②ラインにおける生産性とアライメント精度向上

サスペンションのリンクをサブフレームにマウントすれば、リンクやアーム端のブッシュだけでなくサブフレームのマウントでも振動を減衰できるので、二重減衰になってNVを低減できる。

5リンク式ではブッシュの最適化要件が複雑なので、サブフレームを使うことによってNVが向上すれば、ブッシュのセッティングの自由度が上がって結果的に操縦安定性の最適化度が上がる。

またサブフレームはそれ自体に大きなマスがあるため、ゴムで車体にマウントすれば「ばね－マス－ばね」の構成になってサブフレーム自体がマスダンパーとして作用し、振動減衰の効果がさらに増す。

後輪駆動車ではデフが大きな振動・騒音源である。機械的な精度を出しにくいハイポイドギヤがその発生の源だ。

トランスアクスル方式後輪駆動車ではユニットの重量が重くなるのでデフの振動・騒音面では有利だが、通常のFR車ではデフをサブフレームにゴムマウントし、サブフレームを車体にゴムマウントすることによって、二重防振で振動・騒音を低減している。

車両生産ラインではサブステーションでサブフレームにサスアーム、ばね、ダンパーをあらかじめ組み付ける。作業しやすいだけでなくトルク管理などがしやすいし、サスを1G状態のアーム位置にして各部を締め付けるいわゆる「1G締め」もやりやすい。

またサブフレームは製造時に寸法精度を出しやすいため、組み付けるだけでサスのアライメントの精度も出る。

サブフレームアッシーは前後4ヵ所のマウントで車体に締結する。もしサブフレームを使わないとサスのリンクやアームの取り付け位置すべてのポイントで車体の寸法精度を保証しなくてはならないが、サブフレームならマウント4ヵ所のボディ精度を保証するだけでサスのアライメントが正確に出ることになる。

サスの構成要素の多いマルチリンク式サスにおいてはサブフレームの存在は不可欠だ。サスペンション成立の条件のひとつであるといってもよい。

サブフレームの設計

サブフレームは前後4ヵ所のマウントでタイヤに加わる前後力と横力を支えている。車軸の位置に対して、前後のマウント幅位置が均等な配置になっているほど、マウントブッシュの設定は簡単になる。

例えばサブフレームの後ろ側2ヵ所のマウント位置が前側2ヵ所より短かったとしたら、横力を受けたときにリヤ側のマウントの荷重負担が大きくなるため、リヤ側のマウントブッシュを固めておかないとサブフレームがトーアウトに変位してしまうことになる。

サスが左右逆相に動くと、サブフレームには回転させるような力が生じる。したがってサブフレームのマウントスパンは平面視したとき、なるべく前後に遠く左右に広い方がいい（=トレッドとサブフレームマウント幅の比が小さい方がいい）。

このためH型のサブフレームの左右部材を大きく湾曲させて手を四方に伸ばし、マウントピッチ円を拡大する設計が主流だ。

クルマを真後ろから背面視したときのサブフレームのマウントの高さ位置も重要。

基本的にはサブフレームのマウント位置がロールセンターに近いほどいい。

前記のようにロールセンターは「ばね上とばね下がサスのリンクを介して横力を伝え合う合力点」だから、サブフレームのマウント位置がロールセンター高さと大きく隔たっていると、横力によってサブフレーム自体がロールしてしまう。前後マウント位置をどれだけロールセンターの近くに置くことができるかもまた設計の要諦である。

ただしボディには衝突安全要件や剛性要件があり、その目的に最適化するため床下にメンバーなどが設けられていてサブフレームの設計構造と干渉する。

したがってボディとサブフレームの設計は常に場所をめぐってのせめぎ合いである。

デフマウント設計

デフの防振はサブフレーム設計の大きな目的のひとつだ。

デフはプロペラシャフトの力の向きを90度変えてドライブシャフトに伝える装置なので、プロペラシャフトとドライブシャフト、ふたつの反力が加わる。

反力のトルク比はデフの最終減速比に等しい。

多くのサブフレームはデフを3ヵ所でマウントしている。例えばBMWのマルチリンク用サブフレームの場合、デフマウントは前部2ヵ所、後部1ヵ所で、後部マウントは車両左にオフセットしている。このときそのオフセット比は、プロペラシャフトとドライブシャフトの反力比、すなわちおおむね最終減速比の値と同じである。こうすれば前側左右のマウントに加わる力が均等になる。アタマがいい。

3点オフセット式デフマウントを最初に採用したのは、5リンク式マルチリンクを初めて採用した1982年のベンツ190E（W201）だった。それまでは4点マウントの設計が多く、この場合は片側のマウントの荷重が過大になる一方で片側は遊んでいたことになる。

FF用マルチリンクの設計

FF用マルチリンクとして定番化しているトレーリングリンク+3リンクの場合、サブフレームにマウントしてるのは横方向の位置決めをしている3本のリンクだけで、前後力を受け持つトレーリングアームは車体へマウントしている。

アンチリフト率を上げるには1㎜でも高い位置にトレーリングアームをマウントしたいし、前後力をここだけで受け持つため、乗り心地と操安性の向上のためにはマウント部の局部剛性をなるべく高くしたい。

もちろんNV性能、生産性、アライメントの精度にも妥協できない。

そこでこのサスを採用している多くのクルマは、トレーリングアームの車体側マウントを大型化するとともに、分厚い鋼板で作ったボックス構造の部材に一旦トレーリングアームをマウントしておき、サブフレームの組み付け時に車体に剛結する方法を採用している。

ブッシュの設計

ブッシュはX、Y、Z方向で軸を支えるゴム部品である。

クルマの懸架装置関連の防振ゴムは、サスリンク／アームのピボットブッシュ、ダンパーのマウント／バンプストップラバー、ばねのマウント、サブフレームマウント、スタビライザーマウント、ステアリング関係マウント／連結／ダンピング用ゴムなどがあるが、サスのブッシュに関してはアームの保持、アームの動きの範囲の規制、路面からの入力の遮断、共振や振動の抑制などが目的だ。

マルチリンク式サスでもブッシュはチューニングの要である。操安性向上のためには、5Hz以下の静的特性においてゴムのばね/ダンパーともに固い方がいいが、100〜500Hzのロードノイズに対しては、ばね定数がやわらかい方が振動吸収に有利だ。10〜100Hzのアイドリング振動やブレーキのジャダー、ハーシュネス対策などに対しては、揺れたあとの収まり感が要求されるためソフトなばね定数と適度な減衰力を要求する。

ブッシュの上下方向(Z方向)はNVに影響するからゴムはソフト化して防振したいし、X方向=前後方向もソフト化してコンプライアンスを取ると乗り心地に貢献する。しかし操縦安定性を考えるとY方向=横力に対してかちかちに固めて変位しないようにしたい。

このためサスペンションの構造/レイアウトに合わせて横型、縦型、つば付き、中空すぐり入り、インターリング入り、トーコレクト構造、そして液封式などの種別がある。

内部に空洞を設けたりインターリングを鋳込んだりして前後左右で硬軟を変えれば、確かに固めた方向に正対する力が加わった場合には設計意図通りの剛性が出るが、わずかにでも入力の方向が変わればば途端にブッシュの剛性は低下する。したがって実際の操安性ではこうした工夫が額面通りに発揮されるケースは少ない。

マルチリンク式ではリンクにかかる力が分散できるため操安性のポイントになる部分にはＮＶを取れないボールジョイントをあえて使うこともある。

リンクが短いなどの理由でゴムブッシュでは耐久性の兼ね合いから角度許容できない部位にもボールジョイントを使うことがある。

サスのブッシュに使われるのは天然ゴムが主流だ。

ゴムの樹から抽出したゴム固形分（ラテックス）に酸を加え凝固、シート状にして燻煙したＲＳＳ（Ribbed Smoked Sheets）に、補強材のカーボンブラックやシリカなどを加えた素材である。

一般的にはブッシュの内外筒を金型にセットしてから中間にゴムをインジェクション成形、金型を保持しながら外側からヒーターで加熱しゴムを加硫（＝硫黄による架橋結合）する。

常温に冷えたら治具の中に入れて外筒を外側から圧縮、外径を一回り小さく絞る。

こうして加硫時にゴム内部に生じた収縮方向の応力を減じておくと剥離等が防止できるため耐久性は大幅に向上する。

あとがき

こんなときにも本書を買ってくださった皆様、本当にどうもありがとうございました。皆様、ご健康、ご商売、お勤め、大丈夫ですか？

今回の単行本にはなんと「まえがき」がありまして（笑）、もしよかったら本書の一番前に戻って「まえがき」の方から読んでくださると、以下、話が多少つながると思います。

「福野礼一郎のクルマ論評２０１４」　２０１４年３月28日発行
「福野礼一郎のクルマ論評２」　２０１５年５月１日発行
「福野礼一郎の新車インプレ２０１６」　２０１６年５月３日発行
「福野礼一郎の新車インプレ２０１７」　２０１７年６月３日発行
「福野礼一郎のクルマ論評３」　２０１８年９月13日発行

「福野礼一郎のクルマ論評4」　2019年10月29日発行
「福野礼一郎のクルマ論評5」　2020年10月25日発行の本書

毎度のことですが、念のために書いときますと、本書の前半部は月刊誌「モーターファン・イラストレーテッド」に連載している「福野礼一郎の二番搾り」の約1年分、2018年8月23日に試乗して9月1日に原稿を書いた「マツダ3」から、2020年7月27日に試乗し7月31日に原稿を書いた「BMW1シリーズ」までの10本の原稿を加筆・訂正して収録したものです。

後半は同じくMFiで「クルマの教室」の後釜として連載を始めた旧車企画「バブルへの死角」の連載6回分と特集掲載原稿を収録しました。

本書シリーズをお読みいただいてきた方はご存知の通り、「モーターファン・ロードテスト」というのは1953年7月号から1991年1月号までの38年間、いまはなき自動車雑誌「モーターファン」に毎月連載されていた新型車の徹底テスト記事で、各大学の研究室などに委託し、日本自動車研究所（JARI）の試験路などを使って毎月新型車の性能試験などを行い、大学の先生、自動車評論家、そして製造した自動車メーカーの開発担当者らを交えた座談会でその結果を分析するというのが毎回のパターンでした。その記事の内容をメーカーの開発者自動車メーカーの現役／OBのエンジニアの方に集まっていただいて振り返りながら、現在の視点で当時の旧車についていろいろな意見を伺うというのが原稿の趣旨です。

本書に収録した3本はタイトルが示唆している通り80年代のクルマをテーマにしています。本書シリーズに2回にわたって60年代スポーツカーのシリーズを収録しましたが、当初から60年代スポーツカーをひととおり回顧したら排ガス時代をワープして80年代に飛び、81年のソアラから再度始めるつもりでした。

80年代車の出発点を初代ソアラにしたのは、いまに続く「モーターファン別冊ニューモデル速報」の第一弾がソアラだったからということもありますが、いま考えるとあのクルマこそ良くも悪くも日本の自動車バブル時代の出発点だったと思うからです。

実は当時27歳だった私も真っ先に踊って新車でソアラを購入しました。しかしエンジニアの皆さんの厳しい再評価を前にとてもそんな思い出話を出すような雰囲気でもなく、本稿ではひたすら聞き役に努めましたが、私個人はあのクルマを本当に楽しんで乗りました。カッコよくて速くていいクルマでした。

ピアッツアも友人が何人か買って乗ってたし、R30のRSやRSターボは雑誌「オプション」時代に取材を通じて知り合った気骨あるチューナーさんの中に所有している方が何人もいましたから、写真をみたり資料を探したりしているうちに懐かしい思い出がいっぱい蘇ってきました。「どんな性能にだって現在の視点では骨董的価値がある」というのは嫌味でもなんでもなく、若いころ心踊らせて乗ったクルマたちへの感謝の思いから出た言葉です。

ちなみに同じ「モーターファン・イラストレーテッド」誌で連載が3年間におよんだ「クルマの教室」についても、カーグラフィック誌に連載していたサス編の1年半分と一緒にまとめて単行本化したいとは思っているのですが、カラーの図版などを生かした誌面にするとなると「クルマはかくして作られる」や「人とものの讃歌」のような大型ムック本にせざるを得ず、予算的になかなか実現が厳しい状況で、これに関しては現在交渉中です。

というわけでここから「まえがき」の続き。外出禁止令発動中にやむなく掲載したまとめ原稿の後編を加筆訂正したうえ、雑誌掲載時に文字量の都合でばっさりカットした部分を追加しました。主な話題は「試乗車の選択方法」「この1年で印象的だったクルマ」そして「自動運転」とその余談です。

試乗車はどうやって選んでいるか

萬澤 本書の初出のMFiの連載「福野礼一郎の二番搾り」ですが、2012年9月25日に試乗したVW UP!からベンツGLA／GLBまで8年間にどんなクルマに乗ってきたかざっと数えてみたところ、全部で121車種に試乗していました。試乗会などでは1車種でバリエーションに何台か乗ってますから、それを含めれば試乗台数は200を超えると思います。ベンツがスマート込みで12車種と最多で、BMWとトヨタがそれに続く11車、VWとシトロエン（DS込み）がそれぞれ10車種、ボルボ6車、マツダとアウディが5車といった順で、2車種しか乗ってないブランドは8、1車種のブランドが7でした。軽自動車は6車種、EVはテスラ2車種、トラックにも1車種（エルフ2

回）乗ってます。

福野　人気ブランド順といいたいとこだけど、シトロエンがなぜか多いのは趣味がバレているのか（笑）。

萬澤　基本的には新車が発売される頻度に比例してるということだと思いますが、三菱自とダイハツに4車種乗ってるのにスバルが2車種だったのにはあらためてびっくりでした。

福野　まあこれ全部たまたまですよね。なんのクルマに乗るかは恣意的、統計的、戦略的には決めてません。基本的には行き当たりばったり。そういう性格なんで。

萬澤　「これに乗りたい」と思ったとしても試乗会の開催日程、広報車の空きの都合などで左右されますから、希望通りにはなかなかいきません。何台か候補がある場合はリストで提示して福野さんに「じゃこれ乗ろう」と決めてもらってます。編集部としては毎年単行本がでてるんで、そのときにできれば人気車＝ベンツ、ＢＭＷ、ＶＷが1車づつ入っててほしいなーとは思ってますから、車種選定に迷ったときはその旨福野さんに進言してます。トヨタについては正直いって「単行本に不可欠」とはあんまり思ってないんですが、車種数も多いしなんとなく技術的に興味深い車種も多いんで、結果的に存在感が出てしまいます。

福野　うん。車種選びについては案外萬澤さんの意見が大きいのかも。彼が試乗車の提案を出す場合がほとんどだし、広報車の手配をするのも萬ちゃんだし、仮にもし萬澤さんが「このクルマは乗ってもらいたくない」と考えて恣意的に試乗車の傾向を誘導しようとしたら、当然それも可能でしょう。それが「編集」という仕事です。全部は乗れないんだしＭＦｉにもＭＦｉの編集方針というものがあるんだから。

萬澤　福野さんは「試乗の印象と結論は斟酌せず正直に書く」という方針を貫いてきた反面、心情としては「けなすのは目的ではないし好きでもない」「できれば褒めて褒めて褒めちぎりたい」といつも言ってます。なので「このクルマは試乗しても多分いい評価はでないな」と最初からわかってるクルマはあえて提案していません。実際借りてきてきっちり試乗もしたのに「だめだ、こんなクルマ書けない」ということになっちゃって急遽別のクルマに変更したこともありますし。そういう無駄なことはあんまりしたくないんで。

福野　へなへなのサブフレームにどっかんターボ乗せたクルマ乗って「褒めろ」といわれても無理だし（笑）。

萬澤　ははは。ちなみにちゃんと乗ったのに記事にならなかったのは、いまの例とはまったく別のNAのスポーツカーです。あと国籍別にはドイツ車38、フランス車17、アメリカ車13に対してイタリア車1という極端な結果が出てます。とはいえグローバル化の結果、もはやなにがフランス車でなにがイタリア車だなんていえなくなってきましたが。

福野　ブランド区別でさえもはやナンセンス化してきてるくらいだから、ましてや国籍区別なんてクルマの内容的には完全に過去の遺物ですね。フランス車だからといってフランスらしいなにか独創性があるわけでなく、イタリア車だからといって別に赤い血なんか騒がない。「ヨーロッパ車」「アメリカ車」「日本車」くらいのくくりなら法規制などに関して区分の意味は多少あるかもしれませんが。

萬澤　あとは「貸してくれないクルマ」の話題があります。

福野　「前の会社のとき福野さんにクルマ貸してインプレ書いてもらったら、それを読んだお客さんからクレームがきたんで、いまの会社のクルマも福野さんには貸さない」と言ってきた広報がいたが、お客さんのせいにするなんて広報の風上にも置けない。「おまえなんか大嫌いだから早く死んじまえ」と言われた方がまだマシ。とにかくこういう「褒める前提でないとクルマは貸さない」というメーカーは実際に存在します。服飾・宝飾のスーパーブランドは自分たちが見下げている媒体やライターの取材・記事化は一切お断り、評論・評価なんて絶対ゆるさないけど、外資系ブランドにも人的交雑によってそういう思想が流れてきてる。「クルマなんか最初からどうだっていいんだから、クルマの話題なんかマジですんなよ」ってことでしょうね。

萬澤　クルマのことなど1からゼロまでなにも知らないから、自分らが売ってるクルマをただひたすら信仰してるだけという無知タイプも多いですね。

福野　逆に言えば、けなしてもけなしても次また貸してくれるトヨタ、VW、ベンツ、シトロエン、BMW、マツダ、アウディその他各社は、やっぱ大物ってことですね。

この1年、印象的だったクルマ

萬澤　ベタな質問なんですが、この1年間で試乗して印象的だったクルマってなんでしょう。

福野　Aクラスとマツダ3とヤリスかな。

萬澤　ＴＢＡだ。

福野　わけわかんないサスセッティングとひどいフィーリングのパワステのせいで首都高を60㎞／hで走るだけで恐ろしかったＡクラス、Ａクラスと大変に類似したパッケージ／サス形式なのに一転して操安性思想が明快で運転して実に気持ちがいいマツダ3、独特のリヤサス設計思想で80点主義のクルマに仕上げてあって褒めもできないがけなすのも難しいというまさに正しくワールドカーなヤリス、それぞれ異なる出来栄えが興味深かった。「日本車やるなあ」の感がさらに強まりましたね。

萬澤　高いクルマより安いクルマにシンパシーを感じてしまうという私的感情も前提にあって個人的にリヤＴＢＡサス車のファンなんですが、連載初期にゴルフⅦの試乗会にいったとき（2013年5月29日）、同じ車体でリヤサスが違う2車（1・4ℓ＝トレーリングアーム＋3リンク式マルチリンク、1・2ℓ＝ＴＢＡ）を同じ条件で乗り比べて、明らかに後車の方が乗り心地、操縦性、ドライバビリティなどがよかったので「ＴＢＡ信仰」がさらに確固たるものになったという経緯もあります。ですからＡクラスとマツダ3とヤリスに乗って、ＴＢＡといってもいろいろだなーと一喜一憂しました。

福野　私はあんまりそういう先入観はないですね。ＴＢＡ車よりマルチリンク車のほうがいいというケースもまた多々ありますから。これまであちこちで書き散らかしてきた「メカに関する解説」も誤解を与えてしまっているかもしれませんが、我々が普通に一般路を走って感じるクルマの良否は、エンジン形式とか変速機の種別とか空間パッケージとか重量／重心／ヨー慣性とかシャシの素材とかサス形式などといった基本要素ではほとんど決まっていません。一般路を普通に乗って走ったときの乗り心地とか操縦安定性とかドライバビリティなどを左右しているのはほとんど細部設計とセッティングです。どんなサス形式だろうと、セッティングがまずいならひどい乗り心地と操縦性のクルマになり得るし、逆に大したメカでなくてもセッティングを煮詰めて改良していけばいいクルマになることも多い。マルチリンクはアームの数もブッシュの数も多いから乗り心地と操安性といった背反を両立最適化する自由度も高いわけですが、構成要素が多ければそれだけセッティングの順列組み合わせも多くなるので、ベストセッティングを見出すまでに非常に手間と時間がかかります。80年代に登場したベンツの5リンク式リヤサスは独立懸架式サスの基本を実現したメカです（機構学的にいえば5リンクは「究極のサス」ではなく「5本のリンクでボディとハブを連結し上下1自由度を残して他をすべて拘束する」という独立懸架式サスの基本形。むしろその他の独立懸架方式が5リンク式の簡略版だと言って間違いない）。でもいいことはわかっているのにライバル他社が5リンク式になかなか踏み切らなかったのは、シミュレーションが稚拙だったあの時代は、最適化セッティングを出すのに膨大な時間がかかったからです。現に1985年のW124のローンチのさいの海外試乗会ではリヤサスのセッティングがひどくてアウトバーンをまっすぐ走らず、私の師匠の岡崎宏司先生は購入を急遽やめたくらい。

萬澤　名車W124にそんな過去があったんですか。それは初耳です。

福野　帰ってくるなりボロカスですよ。「190E（W201）とは別物だよ」って。つまり開発に時間的制約がある場合などはむしろいじれる要素が少ないTBAのようなシステムの方が早く最適なセッティングが出せたり、最初から割り切った目標にせざるを得ない制約でむしろ開発のテーマが明快にさだまって、結果としてクルマ全体の乗り味が明快でわかりやすく気持ちよかった、ということもあり得るわけです。ゴルフ1・2は前者、マツダ3のTBAは後者だったと思います。ただしもちろんメカの基本条件が有利なら時間と手間をかければよりよいクルマに仕上がる。だから「このクルマはなぜいいのか」という理由を「メカの素性の良さ」に求めるのもまた正しいわけです。

萬澤　ようするに「クルマは乗ってみないとわからない」ということですね。

福野　「クルマは乗ってみないとわからない」ということです。マルチリンクでもCFRPモノコックでもマグネライドでもアクティブサスでもなんでも、乗ってみてよかったらその成果は称えられるが、乗ってみてメリット感じないか逆に改悪なら、逆に完成度のアシを引っ張っている要素だと指摘せざるを得ない。

萬澤　無責任なもんですねえ。

福野　それはもう評価・評論なんていうのは無責任なもんですよ。でも機械というのはそういうもの。そして設計者はそれをよく分かった上で作って開発してる。お客さんも含め誰彼問わず、使った人の無責任な感想や評価にさらされるということが当初からの暗黙の了解です。

萬澤　印象的だったクルマの話題に戻りますが、マツダ3は絶賛でした。

福野　マツダ3がすごいのは「操安性快感FF」を作ることに狙いを定めてセッティングを割り切るだけでなく、その目的に合わせて設計そのものを積極的に改良していることです。例えば乗り心地を良くしたいならフロントサスの前後方向にブッシュをソフト化すればいいけど、そうすると路面の凸にタイヤがぶつかったときにブッシュを縮めることにエネルギーがまず使われちゃうからサスが縮むタイミングが遅れ、減衰力の立ち上がりもワンテンポ遅くなってフロントがあおられる。結局突き上げは減ったけど、乗り心地としては総じてよくなってんだか悪くなってんだかわかんなくなってくる。そこで抜本的対策としてマツダ3はまずボディの局部剛性をあげ、さらにボディ要所に「減衰構造」という設計思想と「減衰接着剤」という生産技術を使ってボディに入ってくる振動のダンピングを試みた。いわば「入力の受け止めといなし」ですね。この設計と生技によってフロントサスの前後コンプライアンスに対する設定の自由度が上って「ブッシュを固めて爽やかで安定した挙動を出す」という当初目標を達成した。実に見事です。ついでにロワアームに下半角をつけてフロントサスの瞬間中心（＝ロールセンター）をあげることで、サスに伝わる力のやりとりのレスポンスをなめらかに早くして操舵感をＦＲ車のようによくした。ＦＦとしては荷重移動の過程で荷重移動量が減ってトラクションで不利になりますが、そこはタイヤの性能でカバーするんだと割り切ってる。

萬澤　運転してて本当に気持ちのいいクルマでしたねえ。

福野　対照的なのがＡクラスです。フロントサスの瞬間中心をあげてアンチロールファクターを高め操舵ゲインを上げているのはマツダ3と同じですが、真逆にフロントのコンプライアンスが大きくてサスの位置決めがしっかりしていないこと、EPSのモーター休電状態（不感帯域）からの通電までの立ち上がりのレスポンスが極端に悪いことの相乗効果で、操舵感がぐにゃぐにゃでどっち切ってるのかわからない。リヤTBAもブッシュが軸直角方向にもソフト気味なので斜めマウント効果が上手に働かず、一瞬の横力アンダーからロールステア気味にコンプライアンス変化して腰砕けになる。修正したくてもパワステが言うことを聞かないので狙いが定まらない。首都高60㎞／hでさえなんかうまく走らない、なんか安定しない、なんかフィーリングが良くないと感じるのはこれらが理由です。乗り心地もよくしたいし、きびきびした操舵感にはしたい、でも世界中の工場で生産するワールドカーだからボディに余計な工数はかけられない、その結果空中分解しましたーというところでしょう。マツダ3とはまさに正反対の体たらくでした。

萬澤　これもチーフエンジニアの思想次第と。

福野　もちろん「Aクラスは世界中で作るからボディ設計には凝れない」という事情はベンツの世界戦略の一環であってチーフエンジニアの決定ではないけど、そういう条件ならそういう条件でクルマの狙いをしっかり定めて開発しセッティングすれば、こんなわけわかんないクルマにはならないでしょう。チーフエンジニアがなにやりたいのかわかんないからクルマも迷走するんです。反対にマツダ3がここまで割り切れたのはチーフエンジニアの考えが明快だったから。信念があったから設計部門の最新構想を積極的に取り入れ、安いクルマなのにそれを採用すべく上司を説得して予算を獲得し、生技（＝工場）も無理やり納得させて実現にこぎつけた。インプレの中でマツダの報道プレゼンのあり方を揶揄しましたが、あの「聞くものの耳をケムに巻くやらしいプレゼン」もきっと社内工作で培われてきたテクニックそのものだと思います。

萬澤　なるほどなるほど。納得です。そういうことでしょうね。あのわけわからん理屈で上司も工場も説得してきたと。そういうことですね。それを自動車雑誌相手に使うなーって感じですが(笑)。

福野　もちろん各部設計は設計部門における「前例の踏襲」という慣例に支配されてますし、スタイリングは重役会から直接信任されているデザイナーの専横によって決まります。マツダ3もAクラスもともにリヤの穴蔵みたいな居住性は史上最低クラスですが、あのひどいパッケージや後席居住性はチーフエンジニアの手の届かないところで決まったんでしょう。

萬澤　設計部門における「前例の踏襲」というのはよく聞く話ですね。設計設計いってるけど自分らのやってることの大半は前任者の設計の改良だ、と。

福野　カーマニアの我々がついぞ忘れてしまうことは、機械にとって最も重要なのは強度・耐久性だということです。性能や機能どころか、作動信頼性よりもプライオリティは高い。サスがぽっきり折れてタイヤが取れたら操縦性どころじゃない。

萬澤　笑っちゃいけないとこですが、思わず「首が飛ぼうってときに髭の心配してどうすだ」というセリフを思い出してしまいました。「七人の侍」でしたっけ。

福野　そういやこの間、あの映画の撮影ロケ地を徹底的に究明して特定した本を読んだけど、なかなか面白かった（「アルファベータブックス刊「七人の侍　ロケ地の謎を探る」高田雅彦著）。

萬澤　単行本の座談で単行本紹介してどうすだ（笑）。

福野　例えばサスアームの強度・耐久性には断面積、全体形状、細部形状などの設計要素、材質・工法・熱処理・表面仕上げなどの生産技術と、さまざまな条件が関係していますが、もっとも信頼できるのは理屈や学問ではなく経験則です。10年50万本作ってクルマに採用し、世界中で一回も走行中に折れたことがないサスアームは絶対に信用できると考えていい。しかしその信頼性とは各要素の「足し算」で構築されているのではなく「掛け算」でできていると考えるほうが正確でしょう。材質をアルミからCFRPにするとか、アームからリンクに形式を変えるとか、なにか新しいことをひとつ取り入れるだけで全体の信頼性はゼロに戻るかもしれません。もし1要素がダメなら強度・耐久性の結果はゼロになるからです。設計の基本が「前例の踏襲」なのはそういう理由です。自分がその立場になったら、いくらばね下が軽くなるからといって経験則をゼロに戻してまでCFRP製アームを採用しようとは思わなくなるでしょう。

萬澤　強度とか耐久性というのは自動車どころか「製造業としてなくてはならない前提」のような意識になっちゃってますが、考えてみたらひとつ設計を変えるだけで根底から揺らぐんですね。進化したいなら毎回構築しないとダメだと。

福野　エンジンについては、F1のエンジンに年間使用数制限ができて以来、耐久性シミュレーションが大幅に進歩して、強度・耐久性の限界を見極める精度が非常にあがってきているそうです。例えばトヨタが10年前に作ったレクサスLFAの4・8ℓV10NAエンジン（1LR-GUE）の単体重量はトヨタの乗用車の社内基準を意識した結果、あちこちに肉がついて最終的に215kgくらいまで増加してしまいましたが、ゴードン・マーレイの1トンスーパーカー「T50」のコスワース製4ℓV12NAエンジンの単体重量は178kgしかありません。おそらくF1用の最新の強度・耐久性シミュレーションをフルに回すことができたからコスワースはこの驚異的な軽量設計ができたのでしょう。

萬澤　なるほど。F1も「動く実験室」の役目をちゃんと果たしているんですね。

自動運転について

萬澤　福野さんのインプレの大きな特徴は自動運転関連の評価が非常に少ないことです。

福野　すみません。あんまり興味がないんで、勉強してないから書けないんです。

萬澤　興味がないというのはやっぱり自動運転になるとクルマはクルマじゃなくなるってことからですか？

福野　自分で運転できることはクルマの楽しさの原点ですが、利便性の基本はドアtoドアの個別輸送にあります。だから自動運転になってもクルマがクルマじゃなくなるってことはない。面白さや楽しさは半減するけど事故のリスクは減るから利便性は格段に向上しますね。ただしこれはレベル5での話です。レベル2だの3だのあんなガラクタ、自動運転でもなんでもない。ただの邪魔くさいクルーズコントロールでしょ。

萬澤　レベル5なんてホントに実現するかなあ。

福野　自動運転化への最大の期待はトラック輸送に頼ってる物流への導入です。ただしリターンキー一発で目的地に行ってくれるようになったら誰だってぐっすり寝ると思いますが。

萬澤　しかし法的には寝られない。

福野　夢のA．I．自動運転車が完成したとしても、運転者には旅客機のパイロットなみの拷問ですな。生物の進化のポイントは爆発と淘汰ですが、己の中でも「退化」は容易に起きます。ナショジオチャンネルの熱心な視聴者の方ならご存知でしょうが、パイロットが操縦法を忘れて墜落したケースは多々あります。

萬澤　どういうことですか。

福野　巡航中に突発的トラブル、例えば翼への着氷やセンサーの故障が起きてそれに正しく対処できず、基本とは真逆の本能的操作をして墜落させちゃう。代表例が２００９年６月１日のエアフランス４４７便ですね。きっかけはピトー管の着氷によって自動操縦がオフになったことですが、操縦していた副操縦士が飛行機操縦の基本である失速回避操作（操縦桿を前に押して機首を下げて降下、速度を上げて揚力を増す）を忘れ、丸３分間ただ叫びながら操縦桿を引き続けた結果、高度３万７００フィートから大西洋に落下、自分も含めて乗客・乗員２２８人全員が死亡した。

萬澤　まったく泣くに泣けないような航空機事故ですね。怒りしか湧き上がってきません。

福野　ウエスト・カリビアン航空７０８便（２００５年１６０人死亡）、コンチネンタル＝コルガン・エア３４０７便（２００９年51人死亡）、ＳＯＬ航空５４２８便（２０１１年22人死亡）、アルジェリア航空５０１７便（２０１４年１１６人死亡）、インドネシア・エアアジア８５０１便（２０１４年１６２人死亡）なども類似の事例。エアライン名＋便名で検索すればすぐ出てきますから読んでみてください。これらの事故は「自動操縦に長らく浸かってるとっさの場合に運転方法を忘れる」という人間の性質をよく表してます。ＩＳＳに滞在してる宇宙飛行士は毎日数時間も運動しないと短期間で筋肉が落ちて地球に戻ったとき歩行困難になりますが「使わないとすぐ退化する」は生物の本質です。

萬澤　……。

福野　高速道路を何時間か巡航したあと自動運転が解除された瞬間、これが危ない。レベル3～4のクルマが増えたら高速のランプ出口の最初のカーブはエスケープゾーンにしてグラベルしいて古タイヤ積んだ方がいい。

萬澤　笑いごとではありませんねえ。

福野　「運転しなくていいけど寝ちゃだめ」「運転しなくていいけど制御が切れたらすぐ運転してね」「故障のときは知らんから一切まかせる」「万が一事故って人殺したら全部あんたの責任」、なんか知らんが自動運転ちゅうのはそういうことでしょ。そんな矛盾した要求は人間には向いてない。それに技術的にいっても自動運転が100%無事故で成立するのは単一軌道上を走る列車運行だけ、つまり1次元制御です。2次元（クルマ）や3次元（飛行機）の完全制御は人間を大きく超える能力のA.I.の登場か全運行統合制御（交通の電車化）を実現する以外は無理でしょう。レベル5？

夢のまた夢ですな。

萬澤　自動操縦どころか空飛ぶクルマも登場してきましたが。

福野　ははははは、あのドローン？　まさか本気じゃないでしょ。

萬澤　いえいえトヨタが投資した会社があるくらいですから本気でしょう。

福野　簡単な物理ですけど、あれってただ浮きあがるだけで1Gの推力がいるんですよ。というか飛んでる間ずっと1Gの推力を下方に向かって出し続けなきゃいけない。ヘリコプターも確かに同じですが、ヘリはガスタービン使って1軸制御してるから、機構が複雑でコストが高く操縦技術がいる反面、エネルギー効率的には実用に耐えるレベルになってる。でもドローンは4軸以上のプロペラの回転制御によって浮上し飛行する仕組みですから、各軸モーター駆動しない限り機構的に成立しない。飛行中えんえんとバッテリー消耗して1G相当の推力を出し続けるんですから、むちゃくちゃエネルギー効率が悪いわけです。鳥を見れば分かる通り、翼さえついているなら推力を水平方向につかえばたちまち高速度に達して揚力が生じ、だまってても浮きます。スピードという利便性の副産物で生じる揚力はつまり行き掛けの駄賃、ほとんど無料で浮いてるから同じ高度で巡航中の推力はほとんど推進力に使えてエネルギー効率がいい。だから飛行機は太平洋無着陸横断だってできるんで。

萬澤　クルマも自重をタイヤで支えてますからエネルギーは前進力だけに使えますね。

福野　まあ鳥は素晴らしいね。彼ら非常な軽量設計だから羽ばたくだけで上昇できる。いったん上昇しちまえば翼形を自在に調整して揚力コントロールしながら気流に乗ってホバリングできる。その状態から少し羽ばたくと前進。あれもほとんどエネルギー使わない。だからこそキョクアジサシは北極圏から南極まで3万2000㎞もの渡りができる。

萬澤　渡り鳥。確かに。

福野　魚もすごいね。デフォルトで浮き袋を内蔵してるからだまって中性浮力が出てる。だまって浮いてるんだから尾ひれを少し動かせば前進、前進しながら前ひれの角度を少し変えれば上昇・下降が自在にできて水中を飛行できる。あれもほとんどエネルギー使ってない。

萬澤　水族館行くと魚もイルカも飽きもせず1日ずーっと泳いでますもんね。エネルギー最小で泳げるから泳いでられるんだという証拠でしょうね。ははは。考えてもみなかった。

福野　それを応用したのが潜水艦。外郭の中の空気と水のバランスで中性浮力状態にしてタダで浮いてる。浮力を変えるのは潜航／浮上と急激な機動のときだけで、通常の操縦は前進しながら潜舵を動かすだけでいい。鳥や魚見て飛行機や潜水艦考えた人はアタマいいですよねえ。それに比べたらただ浮くだけでモーター回してエネルギーを消費し続けなきゃいけないドローンがどんだけエネルギー効率が悪いかは、最新の自重570gのアマチュア用小型ドローンが3500mAhのリチウムポリマーバッテリー満充電でたったの34分間しか飛べないことでもわかります。飛ばしてる人なら誰だって「ドローンの泣き所はバッテリー」っていいますよ。しかも4軸のプロペラで発生する揚力のバランス制御によって飛行とその安定を確保する理屈だから、1軸の駆動力でも失ったら速攻で墜落する。翼がないから滑空はできないし固定ピッチだとセルフローテーションもできないから、その場で石のように落ちる。だから自動開傘式パラシュートの装備は必須だけど高度が低いと開傘が間に合わないから、ゼロ・ゼロ型エジェクションシートつけるしかないでしょう（＝高度ゼロ・速度ゼロでの作動保証をしているロケット式射出座席のこと）。作動時に15G以上の加速度が一瞬のジャークでかかるから、下手すると脊椎損傷ですが。

萬澤　マーチン・ベイカー高そうだなあ。

福野　一席30万ドル。

萬澤　ゼロスピードで浮力が欲しいならヘリウム使ったほうがよっぽどマシですね。

福野　世の中アタマのいい人ばかりだと思ってたら、まったくアホなエンジニアリングというのもあるんですよ。翼という偉大な発明によって推力を無駄に使わずに揚力で空を飛べることができるようになったし、この原理をいかせば我らのクルマのボディに高速で生じてしまう空力リフトを免じて安定性とトラクションを増すこともできるわけですが、世の中には空気のない宇宙で使う宇宙船にまで翼をつけたバカがいる。そのせいで宇宙開発は丸々30年おくれたわけですからね。

萬澤　スペースシャトルの話は印象的でした。「ところで打ち上げのときにあの翼ってなにやってるか知ってる？　なにもやってないんだよ」「宇宙空間であの翼なんの役に立ってるかわかる？　なんの役にもたってないんだよね」「大気圏突入のときあの翼はなんの役割をしてるか知ってる？　実はなんの役目もしてないのだ」。んじゃ着陸時以外はあの馬鹿でかい翼も動翼も高揚力装置もランディングギヤもタイヤもブレーキもすべてあれデッドウエイトかよと。そのデッドウエイトを打ち上げるために必要になった固体燃料ブースターのせいでチャレンジャーは爆発し、その翼に破片がぶつかって穴が空いたせいでコロンビアは空中分解したのかよ、と。

福野　そうです。その通り。浮くだけで1Gの推力がいる機械だって同類です。この単行本をわざわざ買ってここまで読んでくださっている方はいわば選ばれたクルマの知的エリートです。みんなにつられて踊る前に、物理や人の心や自然の摂理、いろんな基本と原点に立ち戻って、いろいろ考えてみてください。アホはどこにでも潜んでます。

萬澤　「感じるな考えよ」ですね。

今年版も読んでいただいてありがとうございました。来年の1月1日から2020年をもう一回やり直したいくらいの気持ちですが、皆様とご家族の皆様もどうかご健康にお気をつけてください。私もこれからまた1年なんとか頑張ります。ではまた。

福野礼一郎

福野礼一郎（ふくの・れいいちろう）

東京都生まれ。自動車評論家。自動車の特質を慣例や風評に頼らず、材質や構造から冷静に分析し論評。自動車に限らない機械に対する旺盛な知識欲が緻密な取材を呼び、積み重ねてきた経験と相乗し、独自の世界を築くに至っている。著書は「クルマはかくして作られるシリーズ」（二玄社、カーグラフィック）、「人とものの賛歌」（三栄）など多数。

福野礼一郎のクルマ論評 5

発行日	2020年10月25日　初版 第1刷発行
著者	福野礼一郎
発行人	星野邦久
編集人	野崎博史
発行所	株式会社三栄 〒160-8461 東京都新宿区新宿6-27-30 新宿イーストサイドスクエア7F
販売部	電話 03-6897-4611（販売部）
受注センター	電話 048-988-6011（受注センター）
編集部	電話 03-6897-4636（編集部）
装幀	ナオイデザイン室
DTP	樋口義憲
印刷製本所	大日本印刷株式会社

SAN-EI Corporation
PRINTED IN JAPAN 大日本印刷
ISBN 978-4-7796-4228-9